令和３年

農業構造動態調査報告書

（併載：新規就農者調査結果（令和２年、令和元年））

大臣官房統計部

令　和　５　年　１　月

農林水産省

目　　　次

第１部　農業構造動態調査

第１部　農業構造動態調査

利　用　者　の　た　め　に

1　調査の目的

本調査は、農業構造を取り巻く諸情勢が著しく変化する中で、５年ごとに実施する農林業センサス実施年以外の年の農業構造の実態及びその変化を明らかにするため、農業生産構造及び就業構造に関する基本的事項を把握し、農政の企画・立案、推進等に必要な資料を整備することを目的とする。

2　調査の根拠

調査は、統計法（平成 19 年法律第 53 号）第 19 条第１項に基づく総務大臣の承認を受けて実施した一般統計調査である。

3　調査機構

調査は、農林水産省大臣官房統計部及び地方組織（地方農政局、北海道農政事務所、内閣府沖縄総合事務局及び内閣府沖縄総合事務局の農林水産センター）を通じて実施した。

4　調査の体系

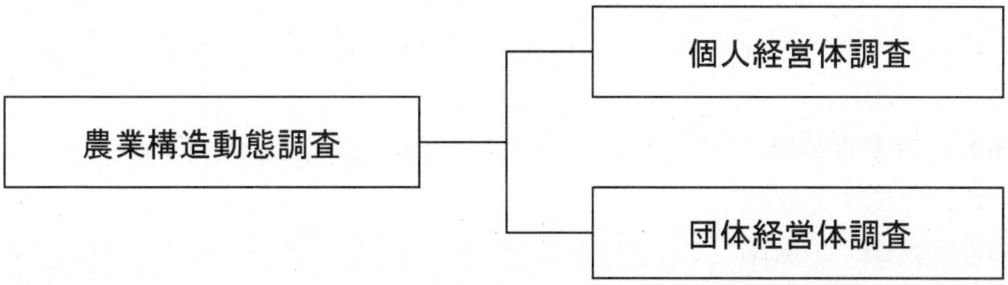

5　調査の対象

全国の 2020 年農林業センサスにより把握した農業経営体（個人経営体、団体経営体）を対象とした。

ただし、東京電力福島第１原子力発電所の事故による避難指示区域（平成 31 年２月１日時点）に全域が含まれる福島県大熊町及び双葉町については調査を実施できなかったため、本調査結果には含まれていない。

(1) 個人経営体調査

個人経営体調査は、2020 年農林業センサス結果に基づき作成した母集団名簿を用いて標本抽出を行った。標本抽出は、母集団を主副業別（３区分）及び農業経営組織別（11 区分）の計 33 の階層に区分し、第１次抽出単位を旧市区町村、第２次抽出単位を個人経営体とする層化２段抽出法により行った。標本経営体は、原則として４年間継続して調査する。

(2) 団体経営体調査

団体経営体調査は、2020 年農林業センサス結果に基づき作成した母集団名簿を用いて標本抽出を行った。標本抽出は、母集団を農産物の生産の有無（２区分）、経営形態分類（４区分）及び農産物販売金額等による階層（２区分）の計 16 の階層に区分し、層化系統抽出法により行った。また、農産物販売金額等による最上位階層（５億円以上）については、標本調査の母集団から除外し、別階層として全数を調査対象とした。標本経営体は、原則として４年間継続して調査する。

6　調査期日

令和３年２月１日現在

7　調査事項

(1) 個人経営体調査

ア　経営体の概要

イ　土地に関する事項

ウ　世帯員の構成及び就業状況

エ　農業労働力に関する事項

オ　農産物の販売に関する事項

カ　農作業の受託に関する事項

キ　農業経営の特徴に関する事項

(2) 団体経営体調査

ア　経営体の概要

イ　土地に関する事項

ウ　農業労働力に関する事項

エ　農産物の販売に関する事項

オ　農作業の受託に関する事項

カ　農業経営の特徴に関する事項

8　調査方法

(1) 個人経営体調査

個人経営体調査は、統計調査員が調査対象経営体に調査票を配布し、調査対象経営体が調査票に記入する自計調査の方法を基本とし、調査対象経営体の希望により統計調査員による調査対象経営体に対する面接調査の併用により行った。

調査票の回収は、統計調査員による回収、政府統計共同利用システムのオンライン調査システム又は郵送の方法により行った。

(2) 団体経営体調査

団体経営体調査は、調査対象経営体に調査票を郵送により配布し、郵送又は政府統計共同利用システムのオンライン調査システムにより回収する自計調査の方法により行った。

9　調査対象経営体数及び回答率

	調査対象者数	有効回答数	有効回答率（%）
個人経営体	28,708	26,890	93.7%
団体経営体	11,331	7,966	70.3%

10　集計方法

集計は、全国農業地域別（一部の集計項目は都道府県別）に行った。

(1)　農業経営体

農業経営体の値は、個人経営体の推定値と団体経営体の推定値を合計して求めた。

(2)　個人経営体及び団体経営体

個人経営体については、集計区分ごと及び推定対象項目ごとに、次の推定式により算出した。

団体経営体については、集計区分ごと及び推定対象項目ごとに、農産物販売金額等による最上位階層を除く全階層（16 階層）の合計について次の推定式によって算出した 2020 年農林業センサス時点の経営体に係る推定値に、最上位階層に係る調査値の合計を加え、さらに以下の式で計算される新設団体経営体に係る調整率を乗じて求めた。

なお、式中の 2020 年農林業センサス以降に新設された団体経営体数については、市区町村、農業委員会、農業協同組合等からの情報により把握した経営体数を用いた。

〈　推定式　〉

$$\hat{T}_x = \frac{\sum_{i=1}^{L} \frac{N_i}{n_i} \sum_{j=1}^{n_i} x_{ij}}{\sum_{i=1}^{L} \frac{N_i}{n_i} \sum_{j=1}^{n_i} y_{ij}} T_y$$

$\hat{T}x$ ：推定対象項目の総量に係る推定値
L ：階層の数（個人経営体:33、団体経営体:16）
ni ：第 i 階層の標本の大きさ
Ni ：2020 年農林業センサスによる母集団の第 i 階層の大きさ（抽出した旧市区町村以外を含めた全体）
xij ：第 i 階層第 j 番目の標本経営体の推定対象項目に係る調査結果値
yij ：第 i 階層第 j 番目の標本経営体の推定対象項目に係る 2020 年農林業センサス結果値
Ty ：当該推定対象項目の総量に係る 2020 年農林業センサス結果

〈　新設団体経営体に係る調整率　〉

$$\frac{\text{2020 年農林業センサス以降に新設された団体経営体数}}{\text{2020 年農林業センサス時点の経営体に係る調査対象年の経営体数の推定値}} + 1$$

11　実績精度

個人経営体数及び団体経営体数についての実績精度（標準誤差率=標準誤差の推定値÷当該項目の推定値×100）は、個人経営体は 0.19%、団体経営体は 0.12%である。

12　統計の表章区分

本書に掲載した統計の全国農業地域及び地方農政局の区分とその範囲は、次のとおりである。

(1) 全国農業地域区分

全国農業地域名	所属都道府県名
北海道	北海道
東北	青森、岩手、宮城、秋田、山形、福島
北陸	新潟、富山、石川、福井
関東・東山	茨城、栃木、群馬、埼玉、千葉、東京、神奈川、山梨、長野
東海	岐阜、静岡、愛知、三重
近畿	滋賀、京都、大阪、兵庫、奈良、和歌山
中国	鳥取、島根、岡山、広島、山口
四国	徳島、香川、愛媛、高知
九州	福岡、佐賀、長崎、熊本、大分、宮崎、鹿児島
沖縄	沖縄

注：沖縄については、全国値及び都府県値に含むが地域別の表章はしていない。

(2) 地方農政局管轄区域

地方農政局名	所属都道府県名
関東農政局	茨城、栃木、群馬、埼玉、千葉、東京、神奈川、山梨、長野、静岡
東海農政局	岐阜、愛知、三重
中国四国農政局	鳥取、島根、岡山、広島、山口、徳島、香川、愛媛、高知

注：　上記以外の地方農政局（東北、北陸、近畿及び九州）の範囲については、(1)の全国農業地域区分における各地域の結果と同じであることから表章はしていない。

13　用語の解説

(1)　農業経営体

農業経営体

農産物の生産を行うか又は委託を受けて農作業を行い、生産又は作業に係る面積・頭数が、次の(1)から(3)までのいずれかに該当する事業を行う者をいう。

(1)　経営耕地面積が30 a 以上の規模の農業

(2)　農作物の作付面積又は栽培面積、家畜の飼養頭羽数又は出荷羽数、その他の事業の規模が次の農業経営体の外形基準以上の規模の農業

①	露地野菜作付面積	15 a
②	施設野菜栽培面積	350 ㎡
③	果樹栽培面積	10 a
④	露地花き栽培面積	10 a
⑤	施設花き栽培面積	250 ㎡
⑥	搾乳牛飼養頭数	1 頭
⑦	肥育牛飼養頭数	1 頭

⑧　豚飼養頭数　　　　　　　15 頭
⑨　採卵鶏飼養羽数　　　　　150 羽
⑩　ブロイラー年間出荷羽数　1,000 羽
⑪　その他　　　調査期日前１年間における農業生産物の総販売額 50 万円に相当する規模の事業

(3)　農作業の受託の事業

団体経営体

個人経営体以外の経営体をいう。

個人経営体

個人（世帯）で事業を行う経営体をいう。なお、法人化して事業を行う経営体は含まない。

主業経営体

農業所得が主（世帯所得の 50%以上が農業所得）で、調査期日前１年間に自営農業に 60 日以上従事している 65 歳未満の世帯員がいる個人経営体をいう。

準主業経営体

農外所得が主（世帯所得の 50%未満が農業所得）で、調査期日前１年間に自営農業に 60 日以上従事している 65 歳未満の世帯員がいる個人経営体をいう。

副業的経営体

調査期日前１年間に自営農業に 60 日以上従事している 65 歳未満の世帯員がいない個人経営体をいう。

経営方針の決定参画者

経営者以外で、調査期日前１年間に自営農業に関する次のいずれかの決定に参画した世帯員をいう。

(1)　生産品目や飼養する畜種の選定・規模
(2)　出荷先
(3)　資金調達
(4)　機械・施設などへの投資
(5)　農地借入
(6)　農作業受託（請負）
(7)　雇用及びその管理

世帯員

原則として住居と生計を共にしている者をいう。出稼ぎに出ている人は含むが、通学や就職のためよそに住んでいる子弟は除く。

また、住み込みの雇人も除く。

農業専従者

調査期日前１年間に自営農業に 150 日以上従事した世帯員を

いう。

農業従事者

15 歳以上の世帯員のうち、調査期日前１年間に自営農業に従事した者をいう。

基幹的農業従事者

15 歳以上の世帯員のうち、ふだん仕事として主に自営農業に従事している者をいう。

地域の集落営農に参加している経営体

地域の集落営農組織の営農活動に自ら構成農家として参加している個人経営体をいう。

なお、集落営農組織に参加しているだけで従事していない場合も含む。

オペレーターとして従事

集落営農組織において機械や施設の操作、運転に従事している個人経営体をいう。

ア　土地

経営耕地

調査期日現在で農業経営体が経営している耕地（けい畔を含む田、樹園地及び畑）をいい、自ら所有し耕作している耕地（自作地）と、他から借りて耕作している耕地（借入耕地）の合計である。土地台帳の地目や面積に関係なく、実際の地目別の面積とした。

経営耕地の取扱い方

(1)　他から借りている耕地は、届出の有無に関係なく、また、口頭の賃借契約によるものも、全て借り受けている者の経営耕地（借入耕地）とした。

(2)　請負耕作や委託耕作などと呼ばれるものであっても、実際は一般の借入れと同じと考えられる場合は、その耕作を借り受けて耕作している者の経営耕地（借入耕地）とした。

(3)　耕起又は稲刈り等のそれぞれの作業を単位として、作業を請け負う者に委託している場合は、その耕地は委託者の経営耕地とした。

(4)　委託者が、収穫物の全てをもらい受ける契約で、作物の栽培一切を人に任せ、その代わりあらかじめ決めてある一定の耕作料を相手に支払う場合は、その耕地は委託者の経営耕地とした。

(5)　調査期日前１年間に１作しか行われなかった耕地で、その１作の期間を人に貸し付けていた場合は、貸し付けた者の経営耕地とはせず、貸付耕地（借り受けた側の経営耕地）とした。なお、「また小作」している耕地も、「また小作している農家」の経営耕地（借入耕地）とした。

(6) 共有の耕地を割地として各戸で耕作している場合や、河川敷、官公有地内で耕作している場合も経営耕地（借入耕地）とした。

(7) 協業で経営している耕地は、自分の土地であっても、自らの経営耕地とはせず、協業経営体の経営耕地とした。

(8) 他の市区町村や他の都道府県に通って耕作（出作）している耕地でも、全てその農業経営体の経営耕地とした。したがって、○○県や○○町の経営耕地面積として計上されているものは、その県や町に居住している農業経営体が経営している経営耕地の面積であり、いわゆる属人統計であることに留意する必要がある。

耕地の取扱い方

(1) 耕地面積には、けい畔を含めた。棚田などでけい畔がかなり広い面積を占める場合には、本地面積の２割に当たる部分だけを田の面積に入れ（斜面の面積ではなく、水平面積を入れる。）、残りの部分については耕地以外の土地とした。

(2) 災害や労力の都合などで調査期日前１年間作物を栽培していなくても、ここ数年の間に再び耕作する意思のある土地は耕地とした。しかし、ここ数年の間に再び耕作する意思のない土地は耕地とはしなかった。

(3) 新しく開墾した土地は、は種できるように整地した状態になっていても、調査期日までに１回も作付けしていなければ耕地とはしなかった。

(4) 宅地内でも１ａ以上まとまった土地に農作物を栽培している場合は耕地とした。

(5) ハウス、ガラス室などの敷地は耕地とした。

　また、コンクリート床などで地表から植物体が遮断されている場合や、きのこ栽培専門のものの敷地は耕地とはしなかった。ただし、農地法第43条に基づきコンクリート床など転換した農地は耕地とした。

(6) 普通畑に牧草を作っている場合は耕地とした。また、林野を耕起して作った牧草地（いわゆる造成草地）も耕地とした。

　なお、施肥・補はんなどの肥培管理をしている牧草栽培地は、は種後何年経過していても耕地とし、肥培管理をやめていて近く更新することが確定していないものは耕地以外の土地とした。

(7) 堤防と河川・湖沼との間にある土地に作物を栽培している

場合は耕地とした。

(8) 植林用苗木を栽培している土地は耕地とした。

(9) 肥培管理を行っているたけのこ、くり、くるみ、山茶、こうぞ、みつまた、はぜ、こりやなぎ、油桐、あべまき、うるし、つばきなどの栽培地は耕地とした（刈敷程度は肥培管理とみなさない。）。

田

耕地のうち、水をたたえるためのけい畔のある土地をいう。

水をたたえるということは、人工かんがいによるものだけではなく、自然に耕地がかんがいされるようなものも含めた。したがって、天水田、湧水田なども田とした。

(1) 陸田（もとは畑であったが、現在はけい畔を作り水をたたえるようにしてある土地やたん水のためビニールを張り水稲を作っている土地）も田とした。

(2) ただし、もとは田であって、けい畔が残っていても、果樹・桑・茶など永年性の木本性周年植物を栽培している耕地は田とせず樹園地とした。また、同様にさとうきびを栽培していれば普通畑とした。

なお、水をたたえるためのけい畔を作らず畑地にかんがいしている土地は、たとえ水稲を作っていても畑とした。

畑

耕地のうち田と樹園地を除いた耕地をいう。

なお、焼畑、切替畑（林野で抜根せず、火入れにより作物を栽培する畑及び畑と山林を輪番し、切り替えて利用する畑）など不安定な土地も畑とした。

樹園地

木本性周年作物を規則的又は連続的に栽培している土地で果樹、茶、桑などが１ａ以上まとまっているもの（一定の畝幅及び株間を持ち、前後左右に連続して栽培されていることをいう。）で肥培管理している土地をいう。

花木類などを５年以上栽培している土地もここに含めた。

なお、樹園地に間作している場合は、利用面積により普通畑と樹園地に分けて計上した。

借入耕地

他人から耕作を目的に借り入れている耕地をいう。

貸付耕地

他人に貸し付けている自己所有耕地をいう。

所有耕地

自ら所有し耕作している耕地（自作地）に貸付耕地を加えたものをいう。

販売目的の水稲

販売を目的で作付けした水稲であり、自給用のみを作付けした場合は含まない。

また、販売目的で作付けしたものを、たまたま一部自給向けにしたものは含む。

イ　農産物の販売

農産物販売金額

肥料代、農薬代、飼料代等の諸経費を差引く前の売上金額（消費税を含む。）をいう。

ウ　農業経営組織別

単一経営経営体

農産物販売金額のうち、主位部門の販売金額が８割以上の経営体をいう。

複合経営経営体

単一経営以外をいい、農産物販売金額のうち、主位部門の販売金額が８割未満（販売のなかった経営体を除く）の経営体をいう。

エ　農作業の受託

農作業の受託

農家等から農作業の全部又は一部を請け負うことをいう。

水稲作業の受託

全作業受託とは、同一の世帯又は組織から水稲作の育苗から乾燥・調製までの全作業を受託したことをいい、経営を委託されたものは含まない。

部分作業受託とは、水稲作の育苗、耕起・代かき、田植、防除、稲刈り・脱穀、乾燥・調製のうち、１種類以上の作業について受託したことをいう。

オ　農業経営の取組

農業生産関連事業

「農産物の加工」、「消費者に直接販売」、「小売業」、「観光農園」、「貸農園・体験農園」、「農家民宿」、「農家レストラン」、「海外への輸出」、「再生可能エネルギー発電」など農業生産に関連した事業をいう。

農産物の加工

販売を目的として、自ら生産した農産物をその使用割合の多少にかかわらず用いて加工している事業をいう。

消費者に直接販売

自ら生産した農産物やその加工品を消費者などに販売している（インターネット販売を含む。）事業や、消費者などと販売契約して直送する事業をいう。

小売業

自ら生産した農産物やその加工品を消費者などに販売している（インターネットや行商などにより店舗をもたないで販売している場合を含む。）事業や、消費者などと販売契約して直送する事業をいう。

なお、自らが経営に参加していない直売所等は含まない点で、「消費者に直接販売」とは異なる。

観光農園

農業を営む者が、観光客等を対象に、自ら生産した農産物の収穫等の一部の農作業を体験させ又はほ場を観賞させて、料金を得ている事業をいう。

貸農園・体験農園等

所有又は借り入れている農地を、第三者を経由せず、農園利用方式等により非農業者に利用させ、使用料を得ている事業をいう。

なお、自己所有耕地を地方公共団体・農協が経営する市民農園に有償で貸与しているものは含まない。

農家民宿

農業を営む者が、旅館業法（昭和 23 年法律第 138 号）に基づき都道府県知事等の許可を得て、観光客等の第三者を宿泊させ、自ら生産した農産物や地域の食材をその使用割合の多少にかかわらず用いた料理を提供し、料金を得ている事業をいう。

農家レストラン

農業を営む者が、食品衛生法（昭和 22 年法律第 233 号）に基づき、都道府県知事等の許可を得て、不特定の者に、自ら生産した農産物や地域の食材をその使用割合の多少にかかわらず用いた料理を提供し代金を得ている事業をいう。

海外への輸出

農業を営む者が、収穫した農産物等を直接又は商社や団体を経由（手続きの委託や販売の代行のため）して海外へ輸出している場合、又は輸出を目的として農産物を生産している場合をいう。

再生可能エネルギー発電

農林地等において再生することが可能な資源（バイオマス、太陽光、水力等）から発電している事業をいう。

農業生産関連の事業収入

農業生産に関連した事業における諸経費を差し引く前の売上合計金額（消費税を含む。）をいう。

なお、消費者に直接販売した売上高は含まない。

青色申告

不動産所得、事業所得、山林所得のある人で、納税地の所轄税務署長の承認を受けた人が確定申告を行う際に、一定の帳簿を備え付け、日々の取引を記帳し、その記録に基づいて申告する制度をいう。

正規の簿記	損益計算書と貸借対照表が導き出せる組織的な簿記の方式（一般的には複式簿記）を行っている場合をいう。
簡易簿記	「正規の簿記」以外の簡易な帳簿による記帳を行っている場合をいう。
現金主義	現金主義による所得計算の特例を受けている場合をいう。
有機農業	化学肥料及び農薬を使用せず、遺伝子組換え技術も利用しない農業のことで、減化学肥料・減農薬栽培は含まない。 また、自然農法に取り組んでいる場合や有機 JAS の認証を受けていない者でも、化学肥料及び農薬を使用せず、遺伝子組換え技術も利用しないで農業に取り組んでいる場合を含む。
農業経営を行うためにデータを活用	効率的かつ効果的な農業経営を行うためにデータ（財務、市況、生産履歴、生育状況、気象状況、栽培管理などの情報）を活用することをいい、次のいずれかの場合をいう。
データを取得して活用	気象、市況、土壌状態、地図、栽培技術などの経営外部データを取得するツールとしてスマートフォン、パソコン、タブレット、携帯電話、新聞などを用いて、取得したデータを効率的かつ効果的な農業経営を行うために活用することをいう。
データを取得・記録して活用	「データを取得して活用」で取得した経営外部データに加え、財務、生産履歴、栽培管理、ほ場マップ情報、土壌診断情報などの経営内部データをスマートフォン、パソコン、タブレット、携帯電話などを用いて、取得したものをこれに記録して効率的かつ効果的な農業経営を行うために活用することをいう。
データを取得・分析して活用	「データを取得して活用」や「データを取得・記録して活用」で把握したデータに加え、センサー、ドローン、カメラなどを用いて、気温、日照量、土壌水分・養分量、CO_2濃度などのほ場環境情報や、作物の大きさ、開花日、病気の発生などの生育状況といった経営内部データを取得し、専用のアプリ、パソコンのソフトなどで分析（アプリ・ソフトの種類、分析機能の水準などは問わない。）して効率的かつ効果的な農業経営を行うために活用することをいう。

(2) 組織形態別

法人化している（法人経営体）	農業経営体のうち、法人化して事業を行う経営体をいう。
農事組合法人	農業協同組合法（昭和22年法律第132号）に基づき、「組合員の農業生産についての協業を図ることによりその共同の利益を増進すること」を目的として設立された法人をいう。
会社	次のいずれかに該当するものをいう。
株式会社	会社法（平成17年法律第86号）に基づき、株式会社の組織形態をとっているものをいう。なお、会社法の施行に伴う関係法律の整備等に関する法律（平成17年法律第87号）に定める特例有限会社の組織形態をとっているものを含む。
合名・合資会社	会社法に基づき、合名会社又は合資会社の組織形態をとっているものをいう。
合同会社	会社法に基づき、合同会社の組織形態をとっているものをいう。
相互会社	保険業法（平成7年法律第105号）に基づき、保険会社のみが認められている中間法人であり、加入者自身を構成員とすることから、お互いが構成員のために保険業務を行う団体をいう。
各種団体	次のいずれかに該当するものをいう。
農協	農業協同組合法に基づき組織された組合で、農業協同組合、農業協同組合の連合組織（経済連等）が該当する。
その他の各種団体	農業保険法（昭和22年法律第185号）に基づき組織された農業共済組合や農業関係団体をいう。
その他の法人	農事組合法人、会社及び各種団体以外の法人で、公益法人、宗教法人、医療法人、ＮＰＯ法人などが該当する。

(3) 労働力

経営主	農業経営の管理運営の中心となっている者をいい、生産品目や規模、請け負う農作業の決定、具体的な作業時期や作業体制、労働や資本の投入、資金調達といった経営全般を主宰する者をい

	う。
世帯員	原則として住居と生計を共にしている者をいう。調査日現在出稼ぎ等に出ていてその家にいなくても生計を共にしている者は含むが、通学や就職のため他出して生活している子弟は除く。 また、住み込みの雇人も除く。
役員・構成員	役員とは、会社等の組織経営における役員をいう。 構成員とは、集落営農組織や協業経営体における構成員をいう。 なお、役員会に出席するだけの者は含まない。
常雇い	あらかじめ、年間７か月以上の契約（口頭の契約でもよい。）で主に農業経営のために雇った人（期間を定めずに雇った人を含む。）をいう。 年間７か月以上の契約で雇っている外国人技能実習生及び特定技能で受け入れた外国人を含める。 農業経営の場合は、農業又は農業生産関連事業のいずれか、又は両方のために雇った人をいう。
臨時雇い	「常雇い」に該当しない日雇い、季節雇いなど農業経営のために一時的に雇った人のことをいい、手間替え・ゆい（労働交換）、手伝い（金品の授受を伴わない無償の受け入れ労働）を含む。 なお、農作業を委託した場合の労働は含まない。 また、主に農業以外の事業のために雇った人が一時的に農業経営に従事した場合及び「常雇い」として７か月以上の契約で雇った人がそれ未満で辞めた場合を含む。 農業経営の場合は、農業又は農業生産関連事業のいずれか、又は両方のために雇った人をいう。

14　利用上の注意

(1)　調査について

本調査は、農林業センサス実施年以外の年における農業構造の年次的動向を把握するために行う調査であるが、農林業センサスは全数調査であるのに対し、本調査は標本調査であるため、表章されている値は全て推定値であることから、農林業センサス結果と本調査結果を直接比較して利用する場合には留意する必要がある。

また、統計表の一部の表章項目においては、集計対象数が極めて少ないことから相当程度の誤差を含んだ値となっており、結果の利用にあたっては留意する必要がある。

(2)　統計の表示について

ア　統計表の数値については、集計値の原数を四捨五入しており、合計値と内訳の計が一致しない場合がある。

イ　表中に使用した記号は、次のとおりである。

「0.0」：単位未満のもの

「－」：事実のないもの

「…」：事実不詳又は調査を欠くもの

「nc」：計算不能

ウ　この統計表に掲載された数値を他に転載する場合は、「令和３年農業構造動態調査」（農林水産省）による旨を記載してください。

(3)　本統計の累年データについては、農林水産省ホームページ「統計情報」の分野別分類「農家数、担い手、農地など」の「農業構造動態調査」で御覧いただけます。

【 https://www.maff.go.jp/j/tokei/kouhyou/noukou/index.html#r 】

なお、統計データ等に訂正等があった場合には、同ホームページに正誤表とともに修正後の統計表等を掲載します。

15　お問合せ先

農林水産省大臣官房統計部 経営・構造統計課センサス統計室 農林漁業構造統計班

電　話：（代表）０３－３５０２－８１１１（内線３６６４）

（直通）０３－３５０２－８０９３

ＦＡＸ：　０３－５５１１－７２８２

※　本調査に関するご意見・ご要望は、上記お問合せ先のほか、農林水産省ホームページでも受け付けております。

【 https://www.contactus.maff.go.jp/j/form/tokei/kikaku/160815.html 】

I　調査結果の概要

1　農業経営体数

全国の農業経営体数は103 万900 経営体で、前年に比べ4.2%減少した。

このうち、団体経営体は３万9,500 経営体で、前年に比べ2.9%増加した。

表１　農業経営体数（全国）

単位：千経営体

区分	農業経営体 ①＋②	個人経営体 ①	団体経営体 ②	
				法人経営体
令和２年（農林業センサス）	1,075.7	1,037.3	38.4	30.7
3　（農業構造動態調査）	1,030.9	991.4	39.5	31.6
増減率(%)				
令和３年/２年	△ 4.2	△ 4.4	2.9	2.9

注：　令和２年は2020 年農林業センサス結果であり、その結果の下２桁を四捨五入して表示している。また、増減率については表示値を用いて計算している（以下同じ。）。

団体経営体のうち法人経営体数は３万1,600 経営体で、前年に比べ2.9%増加した。この結果、団体経営体に占める法人経営体の割合は80%となった。

また、法人経営体の内訳をみると、会社法人は２万900 経営体、農事組合法人は7,500 経営体となり、前年に比べ会社法人は900 経営体、農事組合法人は200 経営体増加した。

図１　法人化している農業経営体数（全国）

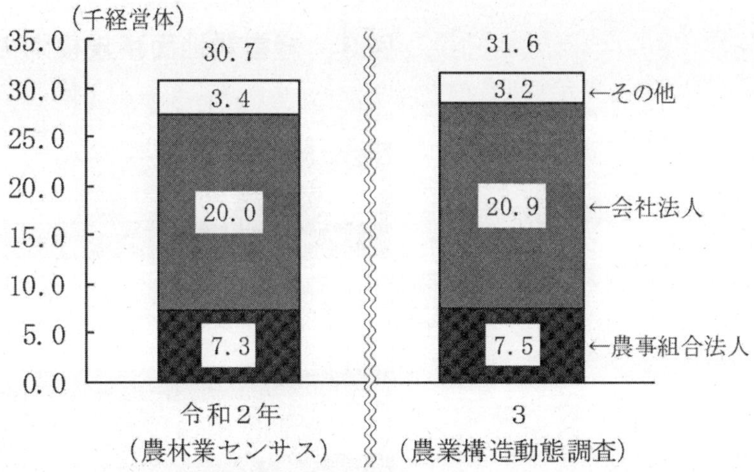

2　経営耕地面積規模別の農業経営体数

経営耕地面積規模別に農業経営体数をみると、前年に比べ北海道では30ha 以上層で、都府県では５ha 以上層で農業経営体数が増加した。

図２　経営耕地面積規模別農業経営体数の増減率
（北海道）

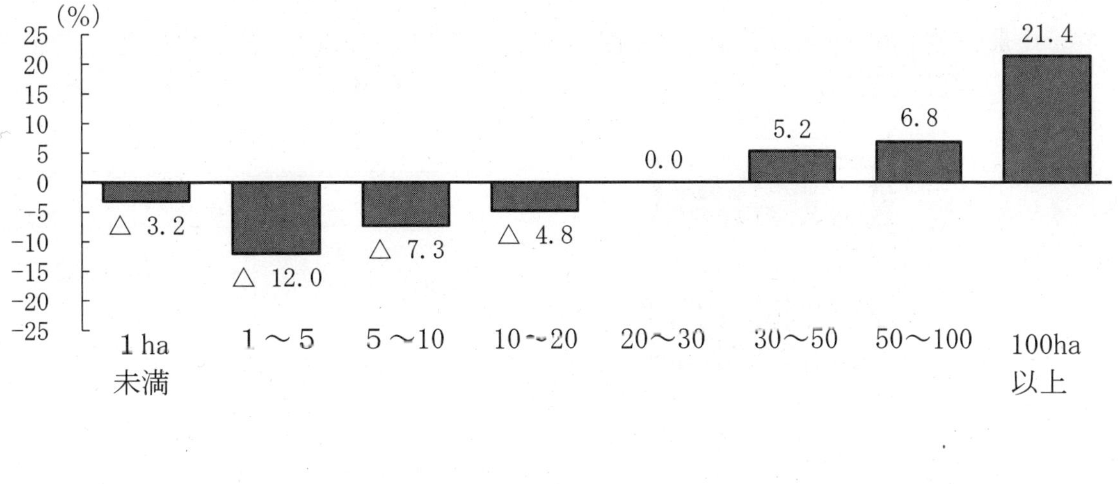

（都府県）

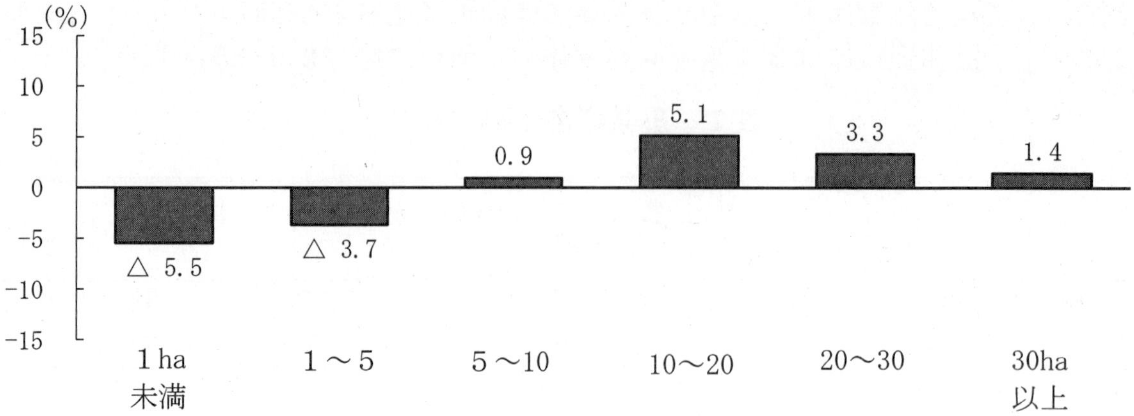

3　経営耕地面積規模別の経営耕地面積

農業経営体の経営耕地面積の規模をみると、10ha 以上の農業経営体が 56.4％を占め、前年に比べ 1.1 ポイント増加した。

図３　経営耕地面積規模別の経営耕地面積（全国）

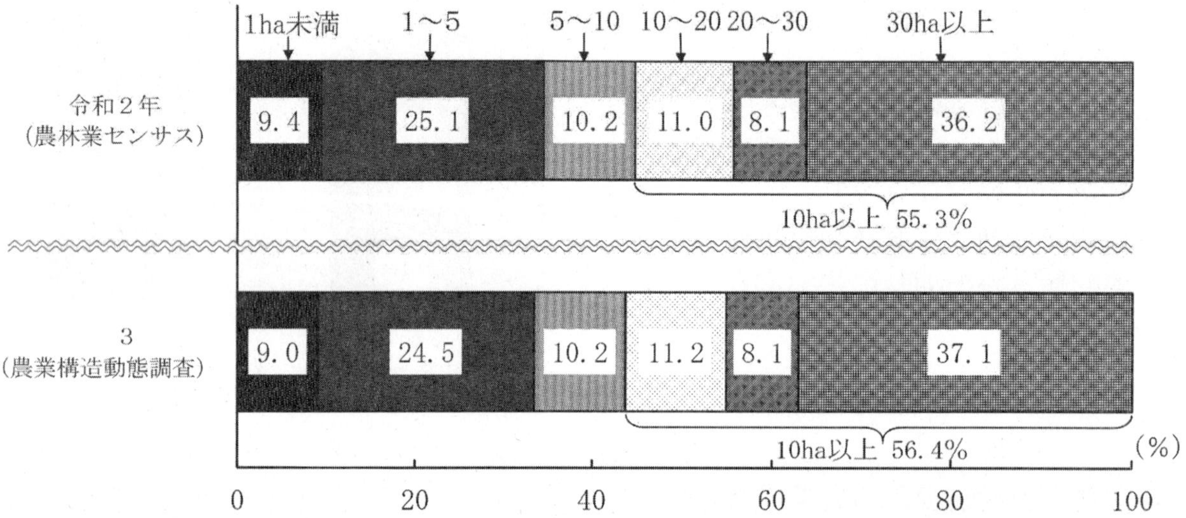

注：　表示単位未満を四捨五入したため、合計値と内訳の計が一致しない場合がある（以下同じ。）。

4　経営耕地の状況

経営耕地のある農業経営体の１経営体当たりの経営耕地面積は 3.2ha（北海道 30.8ha、都府県 2.2ha）で前年に比べ全国で 0.1ha、北海道で 0.6ha 増加した。

図４　１農業経営体当たりの経営耕地面積の状況（全国）

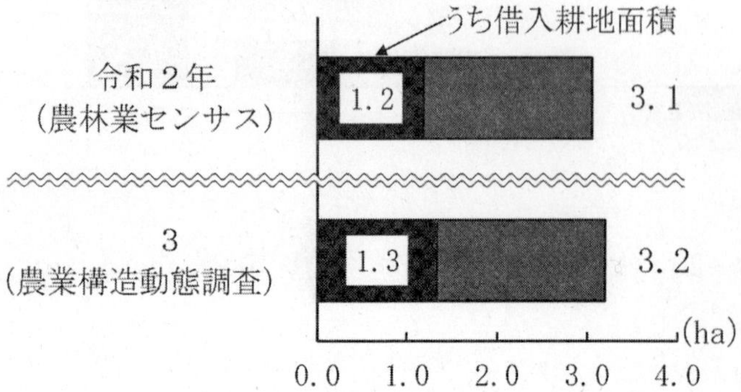

表２　１農業経営体当たりの経営耕地面積

単位：ha

区分	全国	北海道	都府県
令和　２　年（農林業センサス）	3.1	30.2	2.2
3（農業構造動態調査）	3.2	30.8	2.2

5　農産物販売金額規模別の農業経営体数

農産物販売金額規模別の農業経営体数の増減率をみると、前年に比べ 1,000 万円以上層で農業経営体数が増加した。

図５　農産物販売金額規模別農業経営体数の増減率（全国）

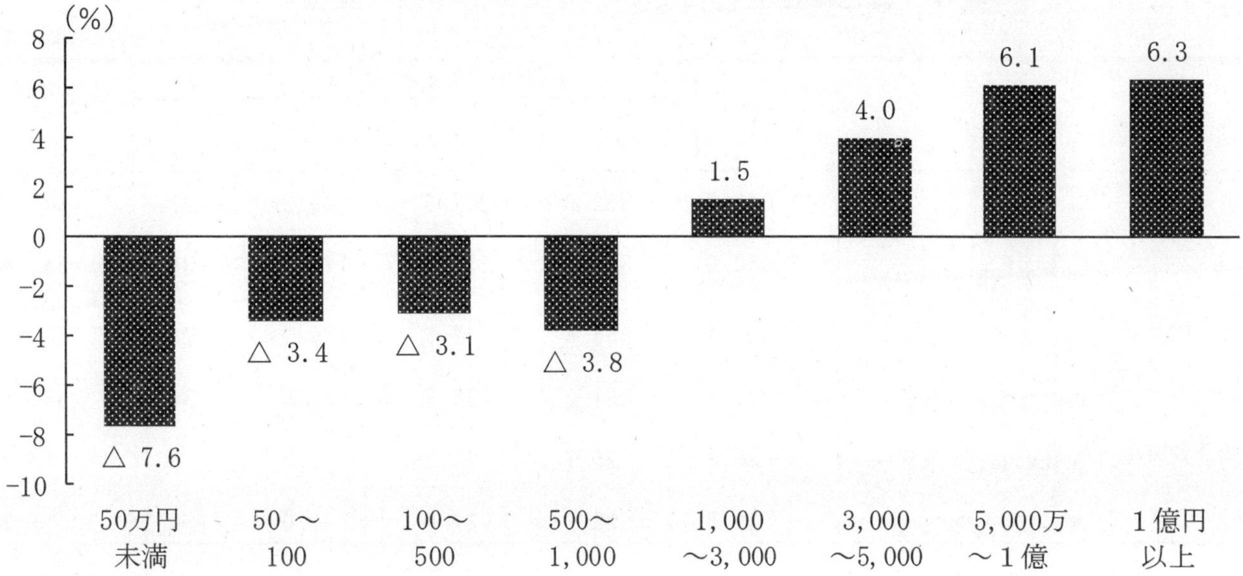

注：　50 万円未満には販売金額なしを含む。

6　農産物販売金額１位の部門別農業経営体数

農産物販売金額１位の部門別に農業経営体数の構成割合をみると、稲作が最も多く 54.6 %、次いで果樹の 13.3%となっている。また、前年からの増減をみると、稲作が減少した一方で、その他の部門は概ね増加した。

図６　農産物販売金額１位の部門別農業経営体数の構成割合（全国）

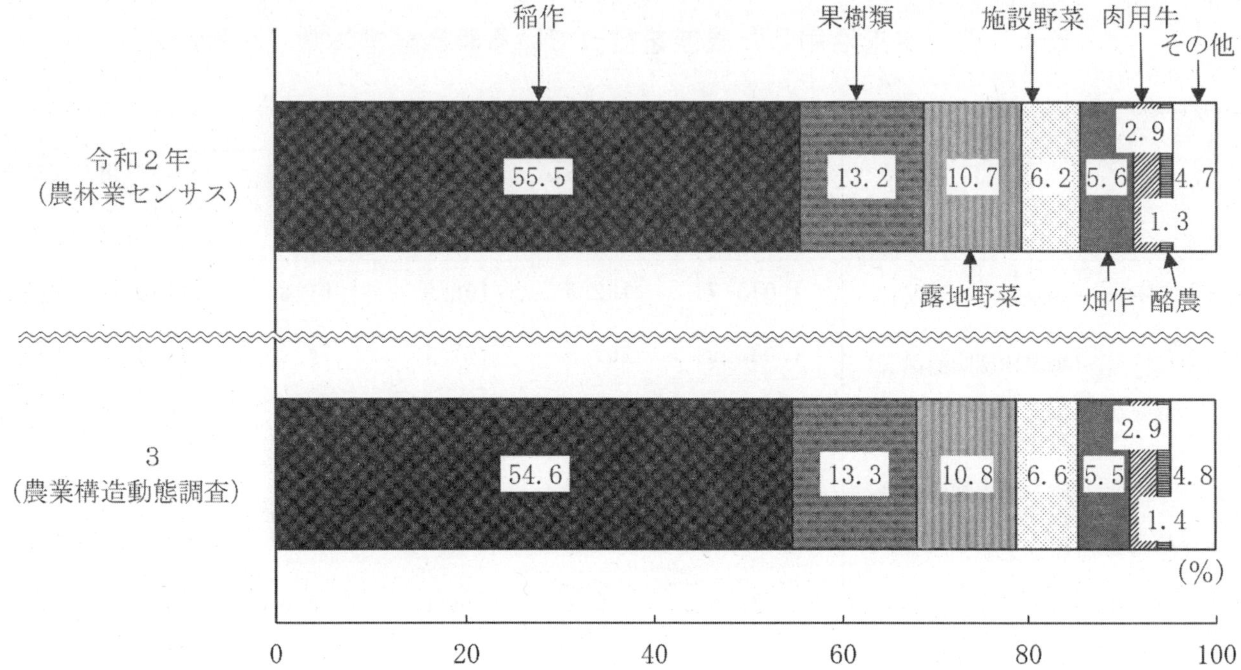

7　青色申告を行っている農業経営体数

青色申告を行っている農業経営体は38万9,500経営体で、農業経営体に占める割合は37.8％となっている。このうち、青色申告を行っている団体経営体は２万 8,200 経営体で、前年に比べ9.7％増加した。

表３　青色申告を行っている農業経営体数（全国）

単位：千経営体

区分		計	青色申告を行っている				青色申告を行っていない
			小計	正規の簿記	簡易簿記	現金主義	
農業経営体	令和２年（農林業センサス）	**1,075.7**	**382.0**	**207.8**	**145.4**	**28.8**	**693.7**
	3（農業構造動態調査）	**1,030.9**	**389.5**	**212.8**	**142.5**	**34.2**	**641.4**
個人経営体	令和２年（農林業センサス）	**1,037.3**	**356.4**	**182.5**	**145.1**	**28.8**	**681.0**
	3（農業構造動態調査）	**991.4**	**361.3**	**185.8**	**141.5**	**34.0**	**630.1**
団体経営体	令和２年（農林業センサス）	**38.4**	**25.7**	**25.3**	**0.3**	**0.1**	**12.7**
	3（農業構造動態調査）	**39.5**	**28.2**	**27.0**	**1.0**	**0.2**	**11.3**
増減率（％）令和３年/２年							
農業経営体		△ 4.2	2.0	2.4	△ 2.0	18.8	△ 7.5
個人経営体		△ 4.4	1.4	1.8	△ 2.5	18.1	△ 7.5
団体経営体		2.9	9.7	6.7	233.3	100.0	△ 11.0

8　データを活用した農業を行っている農業経営体数

データを活用した農業を行っている農業経営体は 20 万 7,800 経営体で、前年に比べ13.8％増加し､データを活用した農業を行っている団体経営体は２万200経営体で同15.4％増加した。

表４　データを活用した農業を行っている農業経営体数（全国）

単位：千経営体

区分		計	データを活用した農業を行っている				データを活用した農業を行っていない
			小計	データを取得して活用	データを取得・記録して活用	データを取得・分析して活用	
農業経営体	令和２年（農林業センサス）	**1,075.7**	**182.6**	**108.9**	**61.8**	**12.0**	**893.1**
	3（農業構造動態調査）	**1,030.9**	**207.8**	**117.1**	**74.9**	**15.8**	**823.0**
個人経営体	令和２年（農林業センサス）	**1,037.3**	**165.1**	**101.5**	**54.4**	**9.2**	**872.2**
	3（農業構造動態調査）	**991.4**	**187.6**	**109.0**	**66.1**	**12.4**	**803.8**
団体経営体	令和２年（農林業センサス）	**38.4**	**17.5**	**7.4**	**7.3**	**2.8**	**20.9**
	3（農業構造動態調査）	**39.5**	**20.2**	**8.1**	**8.8**	**3.4**	**19.2**
増減率（％）　令和３年／２年							
農業経営体		△ 4.2	13.8	7.5	21.2	31.7	△ 7.8
個人経営体		△ 4.4	13.6	7.4	21.5	34.8	△ 7.8
団体経営体		2.9	15.4	9.5	20.5	21.4	△ 8.1

9　主副業別農業経営体数（個人経営体）

個人経営体を主副業別にみると、主業経営体は 22 万 2,400 経営体で前年に比べ 8,500 経営体減少、準主業経営体は 13 万 5,800 経営体で同 6,700 経営体減少、副業的経営体は 63 万 3,100 経営体で同３万 800 経営体の減少となった。

この結果、個人経営体の減少数の約７割を副業的経営体が占める結果となった。

図７　主副業別農業経営体数（個人経営体）（全国）

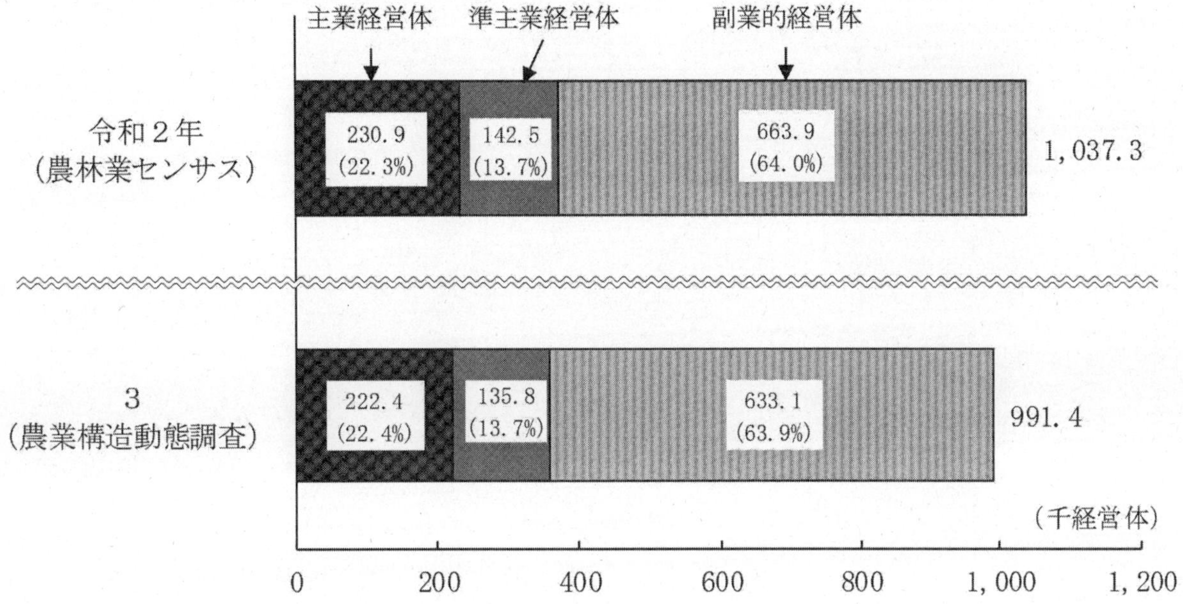

注：　（　）内の数値は、個人経営体数に占める割合（%）である。

10　農業労働力

個人経営体の基幹的農業従事者（仕事が主で、主に自営農業に従事した世帯員）は 130 万 2,100 人で前年に比べ 4.5%減少した。

団体経営体の役員・構成員は８万 2,400 人で前年に比べ 1.5%増加した。

農業経営体の常雇い数は 14 万 7,700 人で前年に比べ 5.8%減少した。

表５　農業労働力（全国）

単位：千人

区分	基幹的農業従事者	役員・構成員	常雇い
令和２年 （農林業センサス）	1,363.0	81.2	156.8
3 （農業構造動態調査）	1,302.1	82.4	147.7
増減率（%） 令和３年/２年	△ 4.5	1.5	△ 5.8

注：　役員・構成員は、農業に 150 日以上従事した人数である。

II　統 計 表

1　農業経営体（全国農業地域別）
(1)　農業経営体数

単位：千経営体

全国農業地域	農業経営体	個人経営体	団体経営体	
				法人経営体
全国	**1,030.9**	**991.4**	**39.5**	**31.6**
北海道	34.2	29.7	4.5	4.2
都府県	996.7	961.7	35.0	27.5
東北	185.0	178.5	6.5	4.3
北陸	71.9	68.0	3.9	2.9
関東・東山	227.9	221.8	6.1	5.4
東海	88.1	85.1	3.0	2.6
近畿	99.4	96.3	3.1	2.1
中国	91.1	87.8	3.3	2.6
四国	62.9	61.3	1.6	1.4
九州	160.2	153.1	7.1	5.7
沖縄	10.2	9.8	0.4	0.4

(2)　経営耕地面積規模別経営体数

単位：千経営体

全国農業地域	計	1) 1ha未満	1～5	5～10	10～20	20～30	30ha以上			
							小計	30～50	50～100	100ha以上
全国	**1,030.9**	**534.5**	**391.2**	**48.5**	**26.4**	**11.1**	**19.2**	…	…	…
北海道	34.2	3.0	4.4	3.8	6.0	4.8	12.4	6.1	4.7	1.7
都府県	996.7	531.3	386.8	44.8	20.5	6.3	7.0	…	…	…
東北	185.0	68.2	91.3	14.1	6.9	2.2	2.1	…	…	…
北陸	71.9	27.2	34.8	5.2	2.4	0.9	1.3	…	…	…
関東・東山	227.9	118.4	93.7	8.9	4.2	1.2	1.2	…	…	…
東海	88.1	60.7	23.4	2.0	1.0	0.3	0.7	…	…	…
近畿	99.4	67.4	28.6	1.9	0.9	0.4	0.3	…	…	…
中国	91.1	62.6	24.2	2.6	1.0	0.4	0.3	…	…	…
四国	62.9	42.3	19.2	1.1	0.4	0.1	0.0	…	…	…
九州	160.2	79.3	67.2	8.4	3.4	0.8	0.9	…	…	…
沖縄	10.2	5.0	4.4	0.6	0.2	0.0	0.0	…	…	…

注：北海道以外は、30ha以上の内訳を区分して集計していない。
　　1)は、経営耕地面積なしを含む。

(3)　農産物販売金額規模別経営体数

単位：千経営体

全国農業地域	計	1) 50万円未満	50～100	100～500	500～1,000	1,000～3,000	3,000～5,000	5,000～1億	1億円以上
全国	**1,030.9**	**355.2**	**169.8**	**286.9**	**88.3**	**87.4**	**20.9**	**13.9**	**8.4**
北海道	34.2	2.4	0.8	4.2	3.7	10.8	5.8	4.6	2.1
都府県	996.7	353.0	168.9	282.8	84.7	76.6	15.2	9.2	6.3
東北	185.0	43.8	31.6	70.2	20.6	14.3	2.2	1.5	0.8
北陸	71.9	18.4	15.1	26.6	5.3	4.6	1.0	0.7	0.3
関東・東山	227.9	75.2	37.9	66.2	20.3	19.2	4.5	3.0	1.6
東海	88.1	39.6	13.5	17.9	6.0	7.5	1.8	1.0	0.7
近畿	99.4	46.6	18.8	22.0	5.8	4.9	0.7	0.4	0.2
中国	91.1	48.0	17.2	17.6	4.4	2.5	0.7	0.3	0.3
四国	62.9	25.4	10.8	16.5	5.0	4.0	0.6	0.3	0.3
九州	160.2	53.7	21.8	41.9	16.4	19.0	3.5	2.2	1.9
沖縄	10.2	2.3	2.4	3.9	0.8	0.6	0.2	0.0	0.0

注：1)は、販売なしを含む。

1　農業経営体（全国農業地域別）（続き）
(4)　農産物販売金額１位の部門別経営体数

全国農業地域	計	稲作	1)畑作	露地野菜	施設野菜	果樹類	酪農	肉用牛
全国 (1)	**950.2**	**519.0**	**52.7**	**102.9**	**62.3**	**126.2**	**12.9**	**27.9**
北海道 (2)	33.2	8.1	7.4	4.5	2.7	0.7	5.4	1.4
都府県 (3)	916.8	511.0	45.3	98.6	59.7	125.5	7.5	26.4
東北 (4)	175.7	115.3	4.5	13.0	5.8	23.8	1.9	6.1
北陸 (5)	69.5	60.6	0.7	2.3	0.9	3.0	0.2	0.3
関東・東山 (6)	207.6	99.5	8.9	35.6	15.4	32.6	2.2	1.7
東海 (7)	78.4	37.5	6.0	9.4	6.6	10.8	0.5	0.7
近畿 (8)	87.8	54.3	2.8	8.7	3.7	14.5	0.4	1.0
中国 (9)	83.4	59.4	1.5	5.6	3.1	9.4	0.5	1.7
四国 (10)	58.1	26.2	1.8	8.3	5.5	13.3	0.2	0.3
九州 (11)	146.7	58.1	14.1	14.8	18.0	17.5	1.3	13.4
沖縄 (12)	9.8	0.1	4.8	0.8	0.7	0.8	0.0	1.3

注：1)は、「麦類作」、「雑穀・いも類・豆類」及び「工芸農作物」である。
　　2)は、「花き・花木」、「その他の作物」、「養豚」、「養鶏」及び「その他の畜産」である。

(5)　農業経営組織別経営体数

全国農業地域	計	販売のあった経営体数	単一経営					
			小計	稲作	1)畑作	露地野菜	施設野菜	果樹類
全国 (1)	**1,030.9**	**950.2**	**774.2**	**457.2**	**33.0**	**65.5**	**42.6**	**106.3**
北海道 (2)	34.2	33.2	19.3	4.9	1.5	1.9	1.7	0.7
都府県 (3)	996.7	916.8	754.6	452.4	31.4	63.6	41.0	105.7
東北 (4)	185.0	175.7	142.0	100.3	3.1	7.3	2.7	19.3
北陸 (5)	71.9	69.5	62.9	57.2	0.4	1.1	0.5	2.2
関東・東山 (6)	227.9	207.6	169.0	87.5	5.5	25.2	10.1	28.0
東海 (7)	88.1	78.4	66.1	33.4	4.9	6.4	5.3	9.2
近畿 (8)	99.4	87.8	72.3	48.6	1.4	5.1	1.8	12.4
中国 (9)	91.1	83.4	71.6	54.9	0.8	3.1	1.8	8.0
四国 (10)	62.9	58.1	46.9	22.8	1.2	5.0	4.2	11.5
九州 (11)	160.2	146.7	114.8	47.7	9.6	9.7	13.8	14.3
沖縄 (12)	10.2	9.8	8.5	0.1	4.5	0.6	0.5	0.7

注：1)は、「麦類作」、「雑穀・いも類・豆類」及び「工芸農作物」である。
　　2)は、「花き・花木」、「その他の作物」、「養豚」、「養鶏」及び「その他の畜産」である。

(6)　経営耕地の状況

全国農業地域	経営耕地計			田			畑（樹園地を除	
	経営耕地のある実経営体数	面積	1経営体当たり面積	経営耕地のある経営体数	面積	1経営体当たり面積	経営耕地のある経営体数	面積
	千経営体	千ha	ha	千経営体	千ha	ha	千経営体	千ha
全国 (1)	**1,018.5**	**3,211.6**	**3.2**	**812.7**	**1,773.8**	**2.2**	**569.8**	**1,277.9**
北海道 (2)	33.2	1,021.7	30.8	14.6	179.1	12.3	28.7	840.3
都府県 (3)	985.3	2,189.9	2.2	798.1	1,594.7	2.0	541.1	437.6
東北 (4)	182.6	608.7	3.3	159.0	478.8	3.0	102.6	100.0
北陸 (5)	71.0	248.0	3.5	66.8	232.8	3.5	31.6	12.3
関東・東山 (6)	225.7	462.2	2.0	165.5	284.5	1.7	147.3	148.9
東海 (7)	86.9	149.4	1.7	63.8	101.9	1.6	56.2	26.9
近畿 (8)	98.7	135.6	1.4	85.6	109.2	1.3	39.9	7.9
中国 (9)	90.1	135.5	1.5	80.9	112.6	1.4	46.8	16.2
四国 (10)	62.6	73.1	1.2	48.5	49.1	1.0	26.1	9.4
九州 (11)	157.5	358.7	2.3	127.6	225.1	1.8	81.3	99.0
沖縄 (12)	10.2	18.9	1.9	0.4	0.7	1.8	9.3	17.3

単位:千経営体

2)その他	
46.0	(1)
2.9	(2)
43.0	(3)
5.4	(4)
1.6	(5)
11.5	(6)
6.7	(7)
2.5	(8)
2.4	(9)
2.4	(10)
9.2	(11)
1.1	(12)

単位:千経営体

酪農	肉用牛	2)その他	複合経営	販売のなかった経営体数	
11.5	22.0	35.8	176.0	80.7	(1)
5.1	1.2	2.2	14.0	1.1	(2)
6.3	20.8	33.4	162.2	79.8	(3)
1.6	4.1	3.8	33.7	9.3	(4)
0.2	0.1	1.1	6.8	2.4	(5)
2.1	1.3	9.3	38.2	20.3	(6)
0.5	0.6	5.8	12.1	9.7	(7)
0.2	1.0	1.8	15.4	11.6	(8)
0.5	1.1	1.6	11.8	7.7	(9)
0.2	0.2	1.9	11.2	4.8	(10)
1.2	11.3	7.2	31.8	13.5	(11)
0.0	1.0	0.9	1.2	0.5	(12)

く。)	樹園地			
1経営体当たり面積	経営耕地のある経営体数	面積	1経営体当たり面積	
ha	千経営体	千ha	ha	
2.2	205.7	160.4	0.8	(1)
29.3	1.1	2.3	2.1	(2)
0.8	204.6	158.1	0.8	(3)
1.0	34.4	29.9	0.9	(4)
0.4	5.7	3.0	0.5	(5)
1.0	47.3	28.9	0.6	(6)
0.5	24.1	20.7	0.9	(7)
0.2	23.1	18.5	0.8	(8)
0.3	16.1	6.7	0.4	(9)
0.4	21.3	14.7	0.7	(10)
1.2	31.3	34.5	1.1	(11)
1.9	1.3	0.9	0.7	(12)

1　農業経営体（全国農業地域別）（続き）
(7)　借入耕地の状況

全国農業地域		借入耕地計			田			畑（樹園地を除	
		借入耕地のある実経営体数	面積	1経営体当たり面積	借入耕地のある経営体数	面積	1経営体当たり面積	借入耕地のある経営体数	面積
		千経営体	千ha	ha	千経営体	千ha	ha	千経営体	千ha
全国	(1)	**380.9**	**1,307.4**	**3.4**	**276.3**	**879.9**	**3.2**	**128.1**	**396.9**
北海道	(2)	15.6	253.9	16.3	5.6	42.8	7.6	12.1	210.2
都府県	(3)	365.3	1,053.6	2.9	270.6	837.1	3.1	116.0	186.7
東北	(4)	58.8	278.8	4.7	46.5	230.3	5.0	16.7	44.6
北陸	(5)	35.7	156.1	4.4	33.0	149.2	4.5	5.6	6.2
関東・東山	(6)	77.5	198.9	2.6	49.7	132.4	2.7	34.1	61.7
東海	(7)	28.3	81.1	2.9	17.4	65.0	3.7	10.5	9.6
近畿	(8)	36.7	67.6	1.8	30.7	61.6	2.0	6.6	3.0
中国	(9)	31.9	66.5	2.1	26.2	58.5	2.2	6.6	6.7
四国	(10)	20.5	24.2	1.2	14.8	19.0	1.3	4.9	2.8
九州	(11)	71.0	173.4	2.4	52.2	120.5	2.3	26.1	45.8
沖縄	(12)	5.0	7.1	1.4	0.3	0.3	1.0	4.8	6.3

(8)　経営耕地面積規模別経営耕地面積

単位：千ha

全国農業地域	計	1.0ha未満	1.0～5.0	5.0～10.0	10.0～20.0	20.0～30.0	30ha以上
全国	**3,211.6**	**289.3**	**785.8**	**327.8**	**358.8**	**259.5**	**1,190.7**
北海道	1,021.7	1.0	11.3	26.6	85.2	114.0	783.7
都府県	2,189.9	288.3	774.5	301.2	273.6	145.5	407.0
東北	608.7	37.9	198.0	95.1	92.6	50.7	134.4
北陸	248.0	15.6	75.1	35.9	33.2	21.7	66.5
関東・東山	462.2	64.4	183.5	59.0	55.5	27.5	72.2
東海	149.4	30.8	43.7	13.3	13.1	7.6	40.9
近畿	135.6	36.6	50.1	12.8	12.8	8.2	14.9
中国	135.5	34.7	43.0	18.8	14.3	8.5	16.2
四国	73.1	23.2	33.9	7.0	4.8	2.0	2.0
九州	358.7	42.3	137.6	55.9	44.5	19.0	59.4
沖縄	18.9	2.6	9.5	3.6	2.5	0.4	0.2

(9)　年齢階層別常雇い数

全国農業地域		雇い入れた経営体数	男女計						
			計	29歳以下	30～34	35～39	40～44	45～49	50～54
		千経営体	千人	千人	千人	千人	千人	千人	千人
全国	(1)	**34.9**	**147.7**	**26.0**	**13.6**	**13.9**	**12.9**	**12.3**	**11.3**
北海道	(2)	4.5	16.0	3.2	1.8	1.8	1.6	1.5	1.1
都府県	(3)	30.4	131.8	22.7	11.9	12.1	11.4	10.9	10.2
東北	(4)	3.9	17.7	2.4	1.4	1.8	1.8	1.7	1.8
北陸	(5)	1.4	6.8	1.3	0.5	0.6	0.5	0.5	0.5
関東・東山	(6)	7.9	37.9	8.2	4.0	3.5	3.1	3.4	3.0
東海	(7)	4.0	14.3	2.0	1.2	1.1	1.2	1.3	1.2
近畿	(8)	1.9	6.4	0.9	0.5	0.6	0.6	0.6	0.6
中国	(9)	1.5	10.1	1.2	0.6	0.6	0.6	0.6	0.6
四国	(10)	1.8	8.5	1.5	0.7	0.6	0.7	0.8	0.6
九州	(11)	7.7	29.1	5.0	2.9	3.0	2.7	2.0	2.0
沖縄	(12)	0.4	0.9	0.1	0.1	0.1	0.1	0.1	0.1

く。）	樹園地			
1経営体当たり面積	借入耕地のある経営体数	面積	1経営体当たり面積	
ha	千経営体	千ha	ha	
3.1	**40.0**	**30.6**	**0.8**	(1)
17.4	0.2	0.7	3.5	(2)
1.6	39.9	29.9	0.7	(3)
2.7	6.3	3.9	0.6	(4)
1.1	1.4	0.6	0.4	(5)
1.8	8.8	4.8	0.5	(6)
0.9	5.1	6.3	1.2	(7)
0.5	4.7	3.0	0.6	(8)
1.0	3.3	1.3	0.4	(9)
0.6	3.9	2.4	0.6	(10)
1.8	6.1	7.1	1.2	(11)
1.3	0.3	0.5	1.7	(12)

55～59	60～64	65～69	70～74	75歳以上	年齢不詳	
千人	千人	千人	千人	千人	千人	
11.2	**12.3**	**10.6**	**7.6**	**3.2**	**12.9**	(1)
1.0	1.0	0.9	0.6	0.3	1.2	(2)
10.2	11.3	9.7	7.0	2.9	11.7	(3)
1.7	2.0	1.4	0.9	0.3	0.6	(4)
0.5	0.5	0.6	0.4	0.2	0.9	(5)
3.0	3.1	2.8	1.8	0.7	1.2	(6)
1.2	1.3	1.5	1.2	0.5	0.7	(7)
0.6	0.5	0.4	0.4	0.2	0.6	(8)
0.5	0.6	0.4	0.3	0.1	3.9	(9)
0.6	0.6	0.6	0.4	0.2	1.1	(10)
2.0	2.7	2.0	1.5	0.7	2.6	(11)
0.1	0.1	0.1	0.0	0.0	0.1	(12)

1　農業経営体（全国農業地域別）（続き）
(10)　男女別臨時雇い数（農業＋生産関連事業）

全国農業地域	男女計		男		女	
	雇い入れた実経営体数	人数	雇い入れた経営体数	人数	雇い入れた経営体数	人数
	千経営体	千人	千経営体	千人	千経営体	千人
全国	**208.9**	**1,417.1**	**169.9**	**778.4**	**140.5**	**638.7**
北海道	13.7	123.0	10.8	61.3	10.5	61.7
都府県	195.2	1,294.2	159.1	717.1	130.1	577.1
東北	46.1	351.5	37.9	197.4	32.9	154.1
北陸	13.5	86.8	12.5	53.3	8.1	33.5
関東・東山	41.1	259.4	32.1	150.8	26.5	108.7
東海	14.9	97.1	11.4	45.1	9.5	52.0
近畿	18.4	107.5	15.2	64.6	12.2	42.9
中国	13.8	83.4	11.8	57.8	7.2	25.6
四国	9.4	49.3	7.8	24.8	7.0	24.4
九州	36.7	254.8	28.8	120.6	26.0	134.3
沖縄	1.4	4.4	1.4	2.9	0.7	1.5

(11)　青色申告を行っている経営体数

単位：千経営体

全国農業地域	計	青色申告を行っている経営体				青色申告を行っていない
		小計	正規の簿記	簡易簿記	現金主義	
全国	**1,030.9**	**389.5**	**212.8**	**142.5**	**34.2**	**641.4**
北海道	34.2	27.8	17.9	9.4	0.6	6.3
都府県	996.7	361.7	195.2	132.8	33.6	635.3
東北	185.0	61.6	29.3	26.0	6.3	123.4
北陸	71.9	25.1	13.8	9.1	2.2	46.9
関東・東山	227.9	90.4	44.9	36.1	9.4	137.4
東海	88.1	35.8	21.1	11.0	3.6	52.1
近畿	99.4	33.2	15.1	13.9	4.1	66.2
中国	91.1	29.2	16.0	9.8	3.3	61.9
四国	62.9	18.0	12.4	4.8	0.9	45.0
九州	160.2	64.9	40.4	20.9	3.7	95.3
沖縄	10.2	3.4	2.2	1.0	0.2	6.9

(12)　データを活用した農業を行っている経営体数

単位：千経営体

全国農業地域	計	データを活用した農業を行っている経営体				データを活用した農業を行っていない経営体
		小計	データを取得して活用	データを取得・記録して活用	データを取得・分析して活用	
全国	**1,030.9**	**207.8**	**117.1**	**74.9**	**15.8**	**823.0**
北海道	34.2	19.0	10.6	6.8	1.6	14.9
都府県	996.7	188.9	106.5	68.1	14.4	808.0
東北	185.0	35.3	22.1	11.3	2.0	149.6
北陸	71.9	15.6	8.1	6.4	1.1	56.2
関東・東山	227.9	42.3	23.6	15.4	3.3	185.7
東海	88.1	18.1	9.6	6.9	1.7	69.8
近畿	99.4	18.7	9.4	8.1	1.2	80.7
中国	91.1	14.1	6.2	6.2	1.7	77.0
四国	62.9	9.7	5.6	3.3	0.8	53.3
九州	160.2	33.1	20.4	10.3	2.5	127.2
沖縄	10.2	1.9	1.3	0.5	0.1	8.3

1　農業経営体（全国農業地域別）（続き）
(13)　農産物販売金額規模別
ア　経営耕地の状況

農産物販売金額規模		経営耕地計			田			畑（樹園地を除	
		経営耕地のある実経営体数	面積	1経営体当たり面積	経営耕地のある経営体数	面積	1経営体当たり面積	経営耕地のある経営体数	面積
		千経営体	千ha	ha	千経営体	千ha	ha	千経営体	千ha
計	(1)	**1,018.5**	**3,211.6**	**3.2**	**812.7**	**1,773.8**	**2.2**	**569.8**	**1,277.9**
1) 50万円未満	(2)	349.7	264.5	0.8	310.8	168.4	0.5	177.2	82.1
50 ～ 100	(3)	169.1	185.4	1.1	142.2	143.4	1.0	88.2	30.8
100 ～ 500	(4)	286.4	575.1	2.0	220.5	418.9	1.9	161.3	104.3
500 ～ 1,000	(5)	88.1	350.2	4.0	60.5	228.8	3.8	55.1	86.9
1,000 ～ 3,000	(6)	86.4	708.1	8.2	59.4	436.0	7.3	57.4	236.7
3,000 ～ 5,000	(7)	20.3	402.5	19.8	10.9	174.0	16.0	15.6	222.8
5,000 ～ 1億	(8)	12.6	405.4	32.2	5.8	126.9	21.9	9.9	274.5
1億円以上	(9)	6.1	320.5	52.5	2.5	77.2	30.9	4.9	239.7

注：1)は、販売なしを含む。

イ　借入耕地の状況

農産物販売金額規模		借入耕地計			田			畑（樹園地を除	
		借入耕地のある実経営体数	面積	1経営体当たり面積	借入耕地のある経営体数	面積	1経営体当たり面積	借入耕地のある経営体数	面積
		千経営体	千ha	ha	千経営体	千ha	ha	千経営体	千ha
計	(1)	**380.9**	**1,307.4**	**3.4**	**276.3**	**879.9**	**3.2**	**128.1**	**396.9**
1) 50万円未満	(2)	65.3	37.9	0.6	56.7	22.9	0.4	12.2	14.2
50 ～ 100	(3)	50.1	30.3	0.6	41.0	24.2	0.6	10.2	5.0
100 ～ 500	(4)	127.2	178.0	1.4	95.2	143.6	1.5	37.7	27.1
500 ～ 1,000	(5)	53.1	163.3	3.1	34.7	126.6	3.6	21.2	30.7
1,000 ～ 3,000	(6)	57.7	346.9	6.0	36.4	268.8	7.4	27.4	69.3
3,000 ～ 5,000	(7)	14.1	190.5	13.5	6.8	124.9	18.4	9.4	63.4
5,000 ～ 1億	(8)	9.0	187.6	20.8	3.8	102.8	27.1	6.6	82.8
1億円以上	(9)	4.4	173.1	39.3	1.6	66.1	41.3	3.3	104.6

注：1)は、販売なしを含む。

ウ　農産物販売金額1位の部門別経営体数

農産物販売金額規模		計	稲作	2)畑作	露地野菜	施設野菜	果樹類	酪農	肉用牛
計	(1)	**950.2**	**519.0**	**52.7**	**102.9**	**62.3**	**126.2**	**12.9**	**27.9**
1) 50万円未満	(2)	274.5	220.5	10.0	14.0	1.2	23.0	0.1	0.7
50 ～ 100	(3)	169.8	115.3	8.2	16.4	3.2	20.1	0.1	2.1
100 ～ 500	(4)	286.9	134.9	16.5	41.3	17.8	51.8	0.7	10.8
500 ～ 1,000	(5)	88.3	21.9	6.2	12.9	15.5	18.9	0.7	5.1
1,000 ～ 3,000	(6)	87.4	19.3	7.4	13.0	19.4	10.6	3.5	5.8
3,000 ～ 5,000	(7)	20.9	4.0	2.5	3.2	3.0	0.9	3.2	1.5
5,000 ～ 1億	(8)	13.9	2.1	1.5	1.7	1.4	0.4	3.0	1.3
1億円以上	(9)	8.4	1.0	0.6	0.5	0.9	0.5	1.6	0.9

注：1)は、販売なしを含む。
　　2)は、「麦類作」、「雑穀・いも類・豆類」及び「工芸農作物」である。
　　3)は、「花き・花木」、「その他の作物」、「養豚」、「養鶏」及び「その他の畜産」である。

く。）	樹園地			
1経営体当たり面　積	経営耕地のある経営体数	面積	1経営体当たり面　積	
ha	千経営体	千ha	ha	
2.2	**205.7**	**160.4**	**0.8**	(1)
0.5	51.2	13.9	0.3	(2)
0.3	33.7	11.2	0.3	(3)
0.6	75.3	51.8	0.7	(4)
1.6	26.1	34.6	1.3	(5)
4.1	16.5	35.5	2.2	(6)
14.3	1.8	5.7	3.2	(7)
27.7	0.7	4.0	5.7	(8)
48.9	0.4	3.6	9.0	(9)

く。）	樹園地			
1経営体当たり面　積	借入耕地のある経営体数	面積	1経営体当たり面　積	
ha	千経営体	千ha	ha	
3.1	**40.0**	**30.6**	**0.8**	(1)
1.2	3.1	0.9	0.3	(2)
0.5	3.7	1.1	0.3	(3)
0.7	15.0	7.3	0.5	(4)
1.4	8.8	5.9	0.7	(5)
2.5	7.9	8.8	1.1	(6)
6.7	0.8	2.2	2.8	(7)
12.5	0.4	2.0	5.0	(8)
31.7	0.2	2.3	11.5	(9)

単位：千経営体

3)その他	
46.0	(1)
5.0	(2)
4.6	(3)
13.2	(4)
7.1	(5)
8.4	(6)
2.6	(7)
2.6	(8)
2.5	(9)

2　農業経営体（団体経営体）（全国農業地域別）

(1)　組織形態別経営体数

単位：千経営体

全国農業地域	計	法人化している					法人化していない
		小計	農事組合法人	会社	各種団体	その他の法人	
全国	**39.5**	**31.6**	**7.5**	**20.9**	**2.0**	**1.2**	**7.8**
北海道	4.5	4.2	0.2	3.6	0.3	0.1	0.3
都府県	35.0	27.5	7.2	17.3	1.8	1.2	7.6
東北	6.5	4.3	1.3	2.5	0.3	0.2	2.1
北陸	3.9	2.9	1.4	1.3	0.2	0.0	1.0
関東・東山	6.1	5.4	0.9	4.0	0.3	0.2	0.7
東海	3.0	2.6	0.5	1.9	0.1	0.1	0.4
近畿	3.1	2.1	0.6	1.2	0.1	0.1	1.0
中国	3.3	2.6	1.0	1.2	0.2	0.2	0.6
四国	1.6	1.4	0.3	1.0	0.1	0.1	0.2
九州	7.1	5.7	1.1	3.9	0.4	0.2	1.4
沖縄	0.4	0.4	0.1	0.3	0.0	0.0	0.0

(2)　経営耕地面積規模別経営体数

全国農業地域		計	1) 1ha未満	1～5	5～10	10～20	20～30	30ha	
								小計	30～50
全国	(1)	**39.5**	**12.2**	**7.3**	**3.9**	**4.9**	**3.4**	**7.8**	…
北海道	(2)	4.5	0.8	0.3	0.2	0.4	0.4	2.4	0.7
都府県	(3)	35.0	11.5	7.0	3.7	4.5	3.0	5.4	…
東北	(4)	6.5	1.9	0.8	0.6	0.9	0.7	1.6	…
北陸	(5)	3.9	0.8	0.4	0.4	0.7	0.6	1.1	…
関東・東山	(6)	6.1	2.4	1.5	0.6	0.6	0.4	0.7	…
東海	(7)	3.0	1.1	0.7	0.3	0.2	0.1	0.4	…
近畿	(8)	3.1	1.0	0.6	0.4	0.5	0.2	0.3	…
中国	(9)	3.3	1.0	0.7	0.4	0.5	0.3	0.3	…
四国	(10)	1.6	0.6	0.5	0.3	0.2	0.1	0.0	…
九州	(11)	7.1	2.5	1.5	0.7	1.0	0.6	0.8	…
沖縄	(12)	0.4	0.1	0.2	0.1	0.0	0.0	0.0	…

注：北海道以外は、30ha以上の内訳を区分して集計していない。
　1)は、経営耕地面積なしを含む。

(3)　農産物販売金額規模別経営体数

全国農業地域		計	1)50万円未満	50～100	100～500	500～1,000	1,000～3,000	3,000～5,000	5,000～1億
全国	(1)	**39.5**	**6.8**	**1.3**	**4.2**	**3.6**	**8.1**	**4.4**	**4.9**
北海道	(2)	4.5	0.7	0.1	0.2	0.2	0.7	0.6	0.9
都府県	(3)	35.0	6.3	1.2	4.2	3.4	7.4	3.9	3.9
東北	(4)	6.5	1.5	0.2	0.6	0.6	1.4	0.7	0.8
北陸	(5)	3.9	0.6	0.1	0.4	0.3	1.2	0.6	0.5
関東・東山	(6)	6.1	0.9	0.2	0.7	0.5	1.1	0.7	0.9
東海	(7)	3.0	0.3	0.1	0.4	0.2	0.6	0.4	0.3
近畿	(8)	3.1	0.6	0.2	0.6	0.4	0.7	0.2	0.2
中国	(9)	3.3	0.6	0.2	0.4	0.5	0.7	0.3	0.2
四国	(10)	1.6	0.2	0.1	0.2	0.2	0.3	0.2	0.2
九州	(11)	7.1	1.3	0.2	0.8	0.6	1.4	0.7	0.9
沖縄	(12)	0.4	0.2	0.0	0.0	0.0	0.1	0.1	0.0

注：1)は、販売なしを含む。

単位：千経営体

以上		
50～100	100ha以上	
…	…	(1)
0.9	0.9	(2)
…	…	(3)
…	…	(4)
…	…	(5)
…	…	(6)
…	…	(7)
…	…	(8)
…	…	(9)
…	…	(10)
…	…	(11)
…	…	(12)

単位:千経営体

1億円 以上	
6.1	(1)
1.2	(2)
4.9	(3)
0.7	(4)
0.3	(5)
1.2	(6)
0.6	(7)
0.2	(8)
0.3	(9)
0.2	(10)
1.3	(11)
0.0	(12)

2　農業経営体（団体経営体）（全国農業地域別）（続き）
(4)　農産物販売金額１位の部門別経営体数

全国農業地域		計	稲作	1)畑作	露地野菜	施設野菜	果樹類	酪農
全国	(1)	**34.1**	**12.6**	**3.9**	**2.8**	**2.6**	**1.7**	**1.8**
北海道	(2)	3.9	0.5	0.7	0.5	0.2	0.1	0.8
都府県	(3)	30.1	12.2	3.2	2.5	2.5	1.6	0.9
東北	(4)	5.2	2.4	0.6	0.3	0.3	0.2	0.1
北陸	(5)	3.5	2.7	0.2	0.1	0.1	0.1	0.0
関東・東山	(6)	5.5	1.3	0.5	0.7	0.5	0.4	0.2
東海	(7)	2.8	0.9	0.3	0.2	0.4	0.1	0.1
近畿	(8)	2.7	1.4	0.3	0.3	0.2	0.2	0.1
中国	(9)	2.8	1.6	0.1	0.2	0.2	0.2	0.1
四国	(10)	1.4	0.3	0.1	0.2	0.2	0.2	0.0
九州	(11)	6.0	1.7	0.8	0.5	0.6	0.3	0.2
沖縄	(12)	0.3	0.0	0.0	0.0	0.0	0.1	0.0

注：1)は、「麦類作」、「雑穀・いも類・豆類」及び「工芸農作物」である。
　　2)は、「花き・花木」、「その他の作物」、「養豚」、「養鶏」及び「その他の畜産」である。

(5)　農業経営組織別経営体数

全国農業地域		計	販売のあった経営体数	単一				
				小計	稲作	1)畑作	露地野菜	施設野菜
全国	(1)	**39.5**	**34.1**	**26.4**	**8.9**	**2.5**	**1.8**	**1.9**
北海道	(2)	4.5	3.9	2.8	0.3	0.2	0.2	0.1
都府県	(3)	35.0	30.1	23.4	8.7	2.2	1.7	1.9
東北	(4)	6.5	5.2	4.1	1.8	0.5	0.2	0.2
北陸	(5)	3.9	3.5	2.8	2.2	0.2	0.0	0.1
関東・東山	(6)	6.1	5.5	4.2	0.8	0.4	0.5	0.4
東海	(7)	3.0	2.8	2.3	0.6	0.2	0.1	0.3
近畿	(8)	3.1	2.7	1.9	1.0	0.2	0.1	0.1
中国	(9)	3.3	2.8	2.1	1.2	0.1	0.1	0.1
四国	(10)	1.6	1.4	1.1	0.2	0.1	0.2	0.1
九州	(11)	7.1	6.0	4.2	0.8	0.5	0.3	0.4
沖縄	(12)	0.4	0.3	0.2	0.0	0.0	0.0	0.0

注：1)は、「麦類作」、「雑穀・いも類・豆類」及び「工芸農作物」である。
　　2)は、「花き・花木」、「その他の作物」、「養豚」、「養鶏」及び「その他の畜産」である。

(6)　経営耕地の状況

全国農業地域		経営耕地計			田			畑
		経営耕地のある実経営体数	面積	1経営体当たり面積	経営耕地のある経営体数	面積	1経営体当たり面積	経営耕地のある経営体数
		千経営体	千ha	ha	千経営体	千ha	ha	千経営体
全国	(1)	**31.5**	**802.4**	**25.5**	**20.9**	**440.3**	**21.1**	**17.6**
北海道	(2)	3.9	284.7	73.0	1.1	38.2	34.7	3.5
都府県	(3)	27.6	517.7	18.8	19.8	402.1	20.3	14.1
東北	(4)	4.9	151.0	30.8	3.8	116.8	30.7	2.4
北陸	(5)	3.3	88.0	26.7	3.0	83.1	27.7	1.0
関東・東山	(6)	4.8	75.0	15.6	2.6	43.8	16.8	3.6
東海	(7)	2.4	37.9	15.8	1.4	31.6	22.6	1.5
近畿	(8)	2.5	30.6	12.2	2.3	28.4	12.3	1.0
中国	(9)	2.6	35.4	13.6	2.1	30.8	14.7	1.1
四国	(10)	1.3	8.8	6.8	0.8	6.7	8.4	0.6
九州	(11)	5.4	89.0	16.5	3.8	60.8	16.0	2.6
沖縄	(12)	0.4	2.1	5.3	0.0	0.1	nc	0.3

単位:千経営体

肉用牛	2)その他	
1.8	**6.8**	(1)
0.3	0.8	(2)
1.4	5.9	(3)
0.2	1.0	(4)
0.0	0.2	(5)
0.2	1.6	(6)
0.2	0.7	(7)
0.1	0.2	(8)
0.1	0.3	(9)
0.0	0.3	(10)
0.5	1.4	(11)
0.1	0.1	(12)

単位:千経営体

経営				複合経営	販売のなかった経営体数	
果樹類	酪農	肉用牛	2)その他			
1.5	**1.6**	**1.7**	**6.4**	**7.7**	**5.4**	(1)
0.1	0.8	0.3	0.7	1.3	0.6	(2)
1.5	0.7	1.3	5.4	6.5	4.9	(3)
0.2	0.1	0.2	1.0	1.1	1.3	(4)
0.1	0.0	0.0	0.2	0.6	0.4	(5)
0.3	0.2	0.2	1.5	1.1	0.6	(6)
0.1	0.1	0.2	0.7	0.5	0.2	(7)
0.1	0.0	0.1	0.2	0.7	0.4	(8)
0.2	0.1	0.1	0.3	0.6	0.5	(9)
0.2	0.0	0.0	0.3	0.3	0.2	(10)
0.2	0.2	0.5	1.3	1.6	1.1	(11)
0.1	0.0	0.0	0.0	0.0	0.2	(12)

(樹園地を除く。)		樹園地			
面積	1経営体当たり面積	経営耕地のある経営体数	面積	1経営体当たり面積	
千ha	ha	千経営体	千ha	ha	
347.4	**19.7**	**3.8**	**15.0**	**3.9**	(1)
245.5	70.1	0.2	1.0	5.0	(2)
101.9	7.2	3.6	14.0	3.9	(3)
32.8	13.7	0.4	1.4	3.5	(4)
4.5	4.5	0.1	0.5	5.0	(5)
29.0	8.1	0.6	2.2	3.7	(6)
4.4	2.9	0.5	1.9	3.8	(7)
1.1	1.1	0.3	1.1	3.7	(8)
3.8	3.5	0.3	0.8	2.7	(9)
1.3	2.2	0.5	0.9	1.8	(10)
23.2	8.9	0.8	5.0	6.3	(11)
1.8	6.0	0.1	0.2	2.0	(12)

2　農業経営体（団体経営体）（全国農業地域別）（続き）

(7)　借入耕地の状況

全国農業地域	借入耕地計			田			畑（樹園地を除	
	借入耕地のある実経営体数	面積	1経営体当たり面積	借入耕地のある経営体数	面積	1経営体当たり面積	借入耕地のある経営体数	面積
	千経営体	千ha	ha	千経営体	千ha	ha	千経営体	千ha
全国 (1)	**25.2**	**563.8**	**22.4**	**16.8**	**390.3**	**23.2**	**11.6**	**164.7**
北海道 (2)	2.4	111.1	46.3	0.7	14.0	20.0	2.0	96.8
都府県 (3)	22.8	452.7	19.9	16.1	376.3	23.4	9.6	67.9
東北 (4)	4.1	126.4	30.8	3.2	105.8	33.1	1.7	20.1
北陸 (5)	3.1	85.4	27.5	2.8	82.0	29.3	0.8	3.1
関東・東山 (6)	3.7	59.3	16.0	1.9	38.2	20.1	2.4	19.8
東海 (7)	1.9	36.9	19.4	1.1	31.0	28.2	0.9	4.0
近畿 (8)	2.4	30.1	12.5	1.9	28.1	14.8	0.6	1.1
中国 (9)	2.1	33.4	15.9	1.7	30.1	17.7	0.7	3.0
四国 (10)	1.0	7.4	7.4	0.7	5.9	8.4	0.4	0.8
九州 (11)	4.3	72.4	16.8	2.9	55.0	19.0	1.8	14.9
沖縄 (12)	0.3	1.5	5.0	0.0	0.0	nc	0.3	1.2

(8)　年齢階層別の農業に150日以上従事した役員・構成員（経営主を含む）数

全国農業地域	男女計							
	計	29歳以下	30～34	35～39	40～44	45～49	50～54	55～59
全国 (1)	**82.4**	**4.3**	**4.0**	**6.3**	**7.4**	**7.2**	**6.6**	**7.3**
北海道 (2)	12.1	0.8	0.9	1.2	1.3	1.3	1.1	1.2
都府県 (3)	70.3	3.5	3.2	5.1	6.0	5.9	5.5	6.1
東北 (4)	13.6	0.7	0.5	0.9	1.0	1.0	0.9	1.3
北陸 (5)	6.4	0.2	0.2	0.4	0.5	0.4	0.5	0.4
関東・東山 (6)	14.5	0.8	0.7	1.0	1.3	1.4	1.2	1.2
東海 (7)	6.1	0.4	0.4	0.5	0.6	0.6	0.6	0.6
近畿 (8)	4.3	0.2	0.1	0.4	0.3	0.3	0.3	0.3
中国 (9)	5.5	0.2	0.2	0.3	0.5	0.4	0.3	0.4
四国 (10)	3.5	0.2	0.1	0.3	0.3	0.3	0.3	0.3
九州 (11)	15.5	0.8	0.9	1.2	1.5	1.4	1.3	1.4
沖縄 (12)	1.0	0.0	0.0	0.1	0.1	0.1	0.1	0.1

(9)　農業の従事日数階層別の農業に60日以上従事した役員・構成員（経営主を含む）数

単位：千人

全国農業地域	男女計					
	計	60～99日	100～149	150～199	200～249	250日以上
全国	**116.4**	**18.8**	**15.1**	**17.1**	**19.0**	**46.3**
北海道	13.8	0.6	1.0	1.5	2.3	8.3
都府県	102.6	18.2	14.1	15.6	16.7	38.0
東北	19.8	3.5	2.7	3.2	3.7	6.7
北陸	12.0	3.4	2.2	2.1	1.7	2.5
関東・東山	18.6	2.2	1.9	2.9	3.4	8.2
東海	8.3	1.2	1.0	1.1	1.2	3.8
近畿	7.6	2.0	1.3	1.2	1.2	1.9
中国	9.2	2.1	1.7	1.6	1.5	2.4
四国	4.8	0.8	0.5	0.4	0.6	2.4
九州	21.2	2.9	2.8	2.9	3.1	9.5
沖縄	1.1	0.1	0.1	0.2	0.3	0.5

く。）	樹園地			
1経営体当たり面　積	借入耕地のある経営体数	面積	1経営体当たり面　積	
ha	千経営体	千ha	ha	
14.2	**2.3**	**8.8**	**3.8**	(1)
48.4	0.1	0.2	2.0	(2)
7.1	2.3	8.6	3.7	(3)
11.8	0.3	0.5	1.7	(4)
3.9	0.1	0.2	2.0	(5)
8.3	0.4	1.3	3.3	(6)
4.4	0.3	1.8	6.0	(7)
1.8	0.3	0.9	3.0	(8)
4.3	0.2	0.3	1.5	(9)
2.0	0.2	0.7	3.5	(10)
8.3	0.4	2.5	6.3	(11)
4.0	0.0	0.2	nc	(12)

単位：千人

60～64	65～69	70～74	75歳以上	
9.7	**12.4**	**10.9**	**6.4**	(1)
1.4	1.4	0.9	0.5	(2)
8.2	11.0	10.0	5.9	(3)
1.9	2.4	2.1	1.0	(4)
0.7	1.4	1.1	0.6	(5)
1.5	2.1	1.9	1.4	(6)
0.6	0.7	0.7	0.5	(7)
0.5	0.8	0.6	0.4	(8)
0.6	0.9	1.0	0.6	(9)
0.4	0.4	0.5	0.4	(10)
1.8	2.2	2.0	1.1	(11)
0.1	0.1	0.1	0.0	(12)

2 農業経営体（団体経営体）（全国農業地域別）（続き）
(10) 年齢階層別常雇い数

全国農業地域	雇い入れた経営体数	男女計							
		計	29歳以下	30～34	35～39	40～44	45～49	50～54	55～59
	千経営体	千人	千人	千人	千人	千人	千人	千人	千人
全国 (1)	**14.0**	**103.4**	**18.8**	**8.9**	**9.3**	**9.1**	**8.8**	**8.2**	**7.9**
北海道 (2)	2.0	11.5	2.3	1.3	1.2	1.2	1.1	0.8	0.8
都府県 (3)	11.9	91.9	16.5	7.7	8.1	7.9	7.7	7.3	7.1
東北 (4)	2.0	13.7	2.2	1.2	1.4	1.4	1.3	1.5	1.3
北陸 (5)	1.0	5.7	1.1	0.4	0.5	0.5	0.5	0.4	0.4
関東・東山 (6)	2.6	26.1	5.8	2.4	2.3	2.3	2.5	2.3	2.3
東海 (7)	1.3	7.7	1.4	0.7	0.6	0.6	0.7	0.7	0.5
近畿 (8)	0.7	3.7	0.6	0.3	0.4	0.3	0.3	0.3	0.3
中国 (9)	0.9	9.1	1.2	0.5	0.5	0.5	0.5	0.5	0.4
四国 (10)	0.6	6.3	1.0	0.5	0.5	0.5	0.6	0.4	0.5
九州 (11)	2.8	19.1	3.2	1.6	1.8	1.7	1.4	1.3	1.5
沖縄 (12)	0.1	0.4	0.1	0.0	0.1	0.0	0.0	0.0	0.0

(11) 臨時雇い数

全国農業地域	男女計		男		女	
	雇い入れた実経営体数	人数	雇い入れた経営体数	人数	雇い入れた経営体数	人数
	千経営体	千人	千経営体	千人	千経営体	千人
全国	**20.8**	**239.6**	**18.3**	**138.0**	**13.8**	**101.6**
北海道	2.5	38.2	2.1	19.3	1.8	18.9
都府県	18.3	201.4	16.2	118.7	12.1	82.8
東北	3.6	36.0	3.2	21.5	2.3	14.5
北陸	2.4	26.8	2.2	19.5	1.5	7.3
関東・東山	3.0	32.3	2.5	15.9	2.0	16.4
東海	1.6	20.5	1.3	9.5	1.1	11.0
近畿	1.5	21.8	1.4	14.8	1.0	7.0
中国	1.8	19.4	1.6	12.5	1.1	6.9
四国	0.9	10.4	0.8	5.4	0.7	4.9
九州	3.4	32.8	2.9	19.1	2.2	13.8
沖縄	0.2	1.3	0.2	0.5	0.1	0.8

(12) 農作業受託料金収入規模別経営体数

単位：千経営体

全国農業地域	計	1)50万円未満	50～100	100～500	500～1,000	1,000～3,000	3,000万円以上
全国	**39.5**	**28.3**	**2.2**	**4.8**	**1.5**	**1.5**	**1.1**
北海道	4.5	3.5	0.1	0.3	0.1	0.2	0.3
都府県	35.0	25.1	2.1	4.5	1.5	1.4	0.7
東北	6.5	4.2	0.5	1.0	0.4	0.3	0.2
北陸	3.9	2.5	0.4	0.7	0.2	0.2	0.1
関東・東山	6.1	4.9	0.2	0.6	0.2	0.2	0.1
東海	3.0	2.2	0.1	0.4	0.2	0.1	0.0
近畿	3.1	2.2	0.2	0.5	0.1	0.1	0.0
中国	3.3	2.2	0.2	0.5	0.2	0.1	0.0
四国	1.6	1.3	0.1	0.1	0.1	0.0	0.0
九州	7.1	5.3	0.4	0.8	0.2	0.3	0.2
沖縄	0.4	0.3	-	0.0	0.0	0.0	0.0

注：1)は、受託料金収入なしを含む。

60～64	65～69	70～74	75歳以上	年齢不詳	
千人	千人	千人	千人	千人	
8.5	**6.5**	**3.8**	**1.2**	**12.3**	(1)
0.8	0.6	0.3	0.2	1.0	(2)
7.7	5.9	3.5	1.1	11.3	(3)
1.5	0.9	0.4	0.1	0.5	(4)
0.4	0.3	0.2	0.1	0.9	(5)
2.2	1.8	0.9	0.3	1.0	(6)
0.6	0.6	0.5	0.2	0.7	(7)
0.3	0.2	0.2	0.1	0.6	(8)
0.4	0.3	0.2	0.1	3.9	(9)
0.5	0.4	0.2	0.1	1.1	(10)
1.8	1.3	0.8	0.2	2.5	(11)
0.0	0.0	0.0	0.0	0.1	(12)

2　農業経営体（団体経営体）（全国農業地域別）（続き）
(13)　青色申告を行っている経営体数

単位：千経営体

全国農業地域	計	青色申告を行っている経営体				青色申告を行っていない
		小計	正規の簿記	簡易簿記	現金主義	
全国	**39.5**	**28.2**	**27.0**	**1.0**	**0.2**	**11.3**
北海道	4.5	3.7	3.6	0.1	0.0	0.8
都府県	35.0	24.4	23.7	0.6	0.1	10.7
東北	6.5	4.0	3.7	0.2	0.1	2.4
北陸	3.9	2.9	2.7	0.1	0.0	1.1
関東・東山	6.1	4.5	4.5	0.0	0.0	1.6
東海	3.0	2.2	2.2	0.0	0.0	0.7
近畿	3.1	1.9	1.8	0.1	0.0	1.2
中国	3.3	2.3	2.3	0.0	0.0	1.0
四国	1.6	1.2	1.2	0.0	0.0	0.4
九州	7.1	5.0	4.9	0.1	0.0	2.1
沖縄	0.4	0.4	0.4	0.0	-	0.1

(14)　データを活用した農業を行っている経営体数

単位：千経営体

全国農業地域	計	データを活用した農業を行っている経営体				データを活用した農業を行っていない経営体
		小計	データを取得して活用	データを取得・記録して活用	データを取得・分析して活用	
全国	**39.5**	**20.2**	**8.1**	**8.8**	**3.4**	**19.2**
北海道	4.5	2.9	1.3	1.1	0.5	1.5
都府県	35.0	17.4	6.8	7.7	3.0	17.6
東北	6.5	3.0	1.3	1.2	0.5	3.4
北陸	3.9	1.9	0.7	0.9	0.3	2.0
関東・東山	6.1	3.3	1.1	1.5	0.7	2.8
東海	3.0	1.6	0.6	0.8	0.3	1.3
近畿	3.1	1.3	0.4	0.7	0.2	1.8
中国	3.3	1.5	0.6	0.7	0.2	1.8
四国	1.6	0.8	0.3	0.3	0.1	0.8
九州	7.1	3.8	1.6	1.6	0.6	3.4
沖縄	0.4	0.2	0.1	0.1	0.0	0.2

2　農業経営体（団体経営体）（全国農業地域別）（続き）
(15)　農産物販売金額規模別
ア　農産物販売金額１位の部門別経営体数

農産物販売金額規模		計	稲作	1)畑作	露地野菜	施設野菜	果樹類	酪農
計	(1)	**34.1**	**12.6**	**3.9**	**2.8**	**2.6**	**1.7**	**1.8**
50 万 円 未 満	(2)	1.4	0.3	0.4	0.3	0.1	0.0	0.0
50 ～ 100	(3)	1.3	0.4	0.3	0.3	0.1	0.1	0.0
100 ～ 500	(4)	4.2	1.4	1.0	0.6	0.3	0.2	0.1
500 ～ 1,000	(5)	3.6	1.5	0.6	0.3	0.2	0.1	0.1
1,000 ～ 3,000	(6)	8.1	4.3	0.6	0.4	0.5	0.3	0.3
3,000 ～ 5,000	(7)	4.4	2.0	0.2	0.3	0.4	0.2	0.3
5,000 ～ 1 億	(8)	4.9	1.7	0.3	0.3	0.4	0.3	0.3
1 億 円 以 上	(9)	6.1	1.0	0.6	0.3	0.7	0.5	0.6

注：1)は、「麦類作」、「雑穀・いも類・豆類」及び「工芸農作物」である。
　　2)は、「花き・花木」、「その他の作物」、「養豚」、「養鶏」及び「その他の畜産」である。

イ　農業経営組織別経営体数

農産物販売金額規模		計	販売のあった経営体数	単　一				
				小　計	稲　作	2)畑　作	露地野菜	施設野菜
計	(1)	**39.5**	**34.1**	**26.4**	**8.9**	**2.5**	**1.8**	**1.9**
1) 50 万 円 未 満	(2)	6.8	1.4	1.2	0.4	0.4	0.1	0.0
50 ～ 100	(3)	1.3	1.3	1.1	0.4	0.3	0.1	0.0
100 ～ 500	(4)	4.2	4.2	3.4	1.4	0.7	0.3	0.2
500 ～ 1,000	(5)	3.6	3.6	2.6	1.2	0.3	0.2	0.2
1,000 ～ 3,000	(6)	8.1	8.1	5.9	3.1	0.4	0.3	0.5
3,000 ～ 5,000	(7)	4.4	4.4	3.2	1.3	0.2	0.2	0.3
5,000 ～ 1 億	(8)	4.9	4.9	3.7	0.8	0.2	0.4	0.4
1 億 円 以 上	(9)	6.1	6.1	5.3	0.2	0.1	0.3	0.4

注：1)は、販売なしを含む。
　　2)は、「麦類作」、「雑穀・いも類・豆類」及び「工芸農作物」である。
　　3)は、「花き・花木」、「その他の作物」、「養豚」、「養鶏」及び「その他の畜産」である。

単位:千経営体

肉用牛	2)その他	
1.8	**6.8**	(1)
0.1	0.2	(2)
0.1	0.1	(3)
0.3	0.4	(4)
0.3	0.4	(5)
0.4	1.3	(6)
0.2	0.8	(7)
0.2	1.4	(8)
0.3	2.1	(9)

単位:千経営体

経　　営				複合経営	販売のなかった経営体数	
果樹類	酪農	肉用牛	3)その他			
1.5	**1.6**	**1.7**	**6.4**	**7.7**	**5.4**	(1)
0.1	0.0	0.0	0.2	0.2	5.4	(2)
0.1	0.0	0.0	0.2	0.2	-	(3)
0.3	0.0	0.0	0.4	0.9	-	(4)
0.3	0.0	0.1	0.4	1.0	-	(5)
0.4	0.1	0.2	1.0	2.2	-	(6)
0.2	0.2	0.2	0.6	1.2	-	(7)
0.1	0.4	0.3	1.2	1.2	-	(8)
0.1	0.9	0.9	2.5	0.8	-	(9)

3　農業経営体（個人経営体）

（1）　主副業別経営体数（全国農業地域別、都道府県別）

単位：千経営体

全国農業地域・都道府県	計	主業経営体	準主業経営体	副業的経営体
全国	**991.4**	**222.4**	**135.8**	**633.1**
（全国農業地域）				
北海道	29.7	22.1	1.0	6.7
都府県	961.7	200.3	134.8	626.5
東北	178.5	41.7	29.0	107.8
北陸	68.0	9.3	12.3	46.4
関東・東山	221.8	48.5	32.7	140.6
東海	85.1	16.3	11.2	57.5
近畿	96.3	13.7	13.5	69.1
中国	87.8	8.8	11.6	67.4
四国	61.3	13.2	6.5	41.6
九州	153.1	45.5	16.5	91.1
沖縄	9.8	3.4	1.4	5.0
（都道府県）				
北海道	29.7	22.1	1.0	6.7
青森	27.0	11.0	3.2	12.8
岩手	31.8	6.2	5.6	20.0
宮城	27.1	4.8	4.6	17.6
秋田	25.9	5.7	4.4	15.8
山形	25.8	7.1	4.2	14.5
福島	41.0	6.8	7.1	27.1
茨城	42.1	9.7	4.3	28.1
栃木	30.1	6.8	5.4	17.9
群馬	19.2	5.0	1.6	12.7
埼玉	26.8	4.1	4.4	18.3
千葉	33.7	9.1	4.7	19.8
東京	4.9	0.4	2.3	2.2
神奈川	10.9	1.9	2.9	6.1
新潟	39.4	6.7	8.3	24.5
富山	10.5	0.8	1.5	8.2
石川	9.2	1.0	1.3	6.8
福井	8.8	0.8	1.2	6.9
山梨	14.7	3.6	1.8	9.4
長野	39.4	8.0	5.4	26.0
岐阜	19.4	1.8	2.3	15.3
静岡	24.4	6.0	3.4	15.0
愛知	24.3	6.6	3.3	14.4
三重	17.0	1.9	2.3	12.8
滋賀	12.2	1.2	2.1	9.0
京都	12.8	1.4	2.0	9.4
大阪	7.3	0.6	1.2	5.4
兵庫	36.2	3.5	5.0	27.7
奈良	10.2	1.3	1.3	7.6
和歌山	17.6	5.7	1.9	10.0
鳥取	12.0	1.9	1.9	8.3
島根	13.3	1.0	1.8	10.4
岡山	27.8	2.7	3.4	21.7
広島	20.7	1.9	3.0	15.8
山口	13.9	1.3	1.5	11.2
徳島	13.8	2.8	1.6	9.4
香川	15.3	1.8	1.4	12.1
愛媛	20.4	4.7	2.4	13.3
高知	11.8	3.9	1.1	6.8
福岡	26.5	7.0	2.9	16.6
佐賀	13.1	3.8	1.7	7.6
長崎	17.4	5.5	2.2	9.6
熊本	31.9	11.0	3.3	17.6
大分	17.7	2.9	1.8	13.1
宮崎	20.0	6.9	1.6	11.5
鹿児島	26.6	8.3	3.1	15.1
沖縄	9.8	3.4	1.4	5.0
関東農政局	246.2	54.5	36.1	155.5
東海農政局	60.7	10.3	7.8	42.5
中国四国農政局	149.1	22.0	18.1	108.9

(2)　経営耕地面積規模別経営体数（全国農業地域別、都道府県別）

単位：千経営体

全国農業地域・都道府県	計	1) 1ha未満	1～5	5～10	10～20	20～30	30ha以上			
							小計	30～50	50～100	100ha以上
全国	**991.4**	**522.3**	**383.9**	**44.6**	**21.5**	**7.7**	**11.4**	…	…	…
（全国農業地域）										
北海道	29.7	2.2	4.1	3.6	5.6	4.4	10.1	5.4	3.8	0.9
都府県	961.7	519.8	379.8	41.1	16.0	3.4	1.6	…	…	…
東北	178.5	66.3	90.5	13.6	6.0	1.5	0.4	…	…	…
北陸	68.0	26.4	34.4	4.9	1.7	0.3	0.2	…	…	…
関東・東山	221.8	116.1	92.2	8.3	3.7	0.8	0.5	…	…	…
東海	85.1	59.5	22.6	1.6	0.7	0.2	0.3	…	…	…
近畿	96.3	66.3	28.0	1.5	0.4	0.1	0.0	…	…	…
中国	87.8	61.6	23.5	2.2	0.5	0.0	0.0	…	…	…
四国	61.3	41.7	18.7	0.8	0.2	0.0	0.0	…	…	…
九州	153.1	76.8	65.7	7.6	2.4	0.2	0.1	…	…	…
沖縄	9.8	4.9	4.2	0.5	0.2	0.0	0.0	…	…	…
（都道府県）										
北海道	29.7	2.2	4.1	3.6	5.6	4.4	10.1	5.4	3.8	0.9
青森	27.0	8.2	15.1	2.3	1.1	0.3	0.2	…	…	…
岩手	31.8	14.4	14.7	1.6	0.8	0.2	0.1	…	…	…
宮城	27.1	9.0	15.0	1.8	1.0	0.3	0.0	…	…	…
秋田	25.9	7.3	14.5	2.5	1.3	0.2	0.0	…	…	…
山形	25.8	9.1	12.2	3.0	1.1	0.3	0.1	…	…	…
福島	41.0	18.3	19.3	2.4	0.8	0.2	0.0	…	…	…
茨城	42.1	18.1	20.2	2.0	1.0	0.4	0.3	…	…	…
栃木	30.1	9.9	16.7	2.2	1.1	0.2	0.0	…	…	…
群馬	19.2	11.0	7.0	0.8	0.4	0.0	0.0	…	…	…
埼玉	26.8	14.0	11.9	0.6	0.2	0.1	0.1	…	…	…
千葉	33.7	13.5	17.9	1.6	0.6	0.1	0.1	…	…	…
東京	4.9	4.1	0.8	0.0	0.0	－	－	…	…	…
神奈川	10.9	7.8	3.0	0.1	0.0	0.0	－	…	…	…
新潟	39.4	13.4	20.9	3.6	1.1	0.3	0.1	…	…	…
富山	10.5	4.8	5.2	0.4	0.1	0.0	0.0	…	…	…
石川	9.2	4.1	4.2	0.6	0.3	0.0	0.0	…	…	…
福井	8.8	4.2	4.2	0.3	0.2	0.0	0.0	…	…	…
山梨	14.7	11.5	3.1	0.0	0.0	0.0	0.0	…	…	…
長野	39.4	26.2	11.8	1.0	0.3	0.1	0.0	…	…	…
岐阜	19.4	15.2	3.8	0.2	0.1	0.0	0.0	…	…	…
静岡	24.4	16.6	6.9	0.6	0.2	0.1	0.0	…	…	…
愛知	24.3	17.5	5.9	0.5	0.1	0.1	0.2	…	…	…
三重	17.0	10.2	6.1	0.3	0.3	0.1	0.1	…	…	…
滋賀	12.2	6.5	4.8	0.6	0.2	0.1	0.0	…	…	…
京都	12.8	9.1	3.5	0.2	0.1	0.0	0.0	…	…	…
大阪	7.3	6.2	1.0	0.0	0.0	0.0	－	…	…	…
兵庫	36.2	25.8	9.9	0.4	0.1	0.0	0.0	…	…	…
奈良	10.2	7.9	2.1	0.1	0.0	0.0	0.0	…	…	…
和歌山	17.6	10.8	6.6	0.2	0.0	－	－	…	…	…
鳥取	12.0	7.8	3.9	0.3	0.1	0.0	0.0	…	…	…
島根	13.3	9.5	3.5	0.2	0.1	0.0	0.0	…	…	…
岡山	27.8	19.9	7.1	0.5	0.1	0.0	0.0	…	…	…
広島	20.7	14.7	5.0	0.9	0.1	0.0	0.0	…	…	…
山口	13.9	9.7	4.0	0.2	0.1	0.0	0.0	…	…	…
徳島	13.8	9.0	4.7	0.1	0.0	0.0	0.0	…	…	…
香川	15.3	11.9	3.1	0.3	0.1	0.0	0.0	…	…	…
愛媛	20.4	12.8	7.3	0.2	0.1	0.0	0.0	…	…	…
高知	11.8	8.0	3.6	0.2	0.1	0.0	0.0	…	…	…
福岡	26.5	13.8	11.1	1.1	0.4	0.0	0.0	…	…	…
佐賀	13.1	7.1	5.1	0.7	0.2	0.0	0.0	…	…	…
長崎	17.4	9.5	7.3	0.5	0.1	0.0	0.0	…	…	…
熊本	31.9	13.2	16.4	1.7	0.6	0.0	0.0	…	…	…
大分	17.7	10.9	6.0	0.6	0.2	0.0	0.0	…	…	…
宮崎	20.0	10.0	8.4	1.2	0.3	0.0	0.0	…	…	…
鹿児島	26.6	12.4	11.5	1.8	0.7	0.1	0.1	…	…	…
沖縄	9.8	4.9	4.2	0.5	0.2	0.0	0.0	…	…	…
関東農政局	246.2	132.8	99.2	9.0	3.8	0.9	0.5	…	…	…
東海農政局	60.7	42.9	15.7	1.0	0.6	0.2	0.3	…	…	…
中国四国農政局	149.1	103.2	42.1	3.0	0.7	0.1	0.0	…	…	…

注：北海道以外は、30ha以上の内訳を区分して集計していない。
　1)は、経営耕地面積なしを含む。

3　農業経営体（個人経営体）（続き）
(3)　農産物販売金額規模別経営体数（全国農業地域別、都道府県別）

単位：千経営体

全国農業地域・都道府県	計	1)50万円未満	50～100	100～500	500～1,000	1,000～3,000	3,000～5,000	5,000～1億	1億円以上
全国	**991.4**	**348.4**	**168.5**	**282.7**	**84.7**	**79.3**	**16.5**	**9.0**	**2.3**
(全国農業地域)									
北海道	29.7	1.7	0.7	4.0	3.5	10.1	5.2	3.7	0.9
都府県	961.7	346.7	167.7	278.6	81.3	69.2	11.3	5.3	1.4
東北	178.5	42.3	31.4	69.6	20.0	12.9	1.5	0.7	0.1
北陸	68.0	17.8	15.0	26.2	5.0	3.4	0.4	0.2	0.0
関東・東山	221.8	74.3	37.7	65.5	19.8	18.1	3.8	2.1	0.4
東海	85.1	39.3	13.4	17.5	5.8	6.9	1.4	0.7	0.1
近畿	96.3	46.0	18.6	21.4	5.4	4.2	0.5	0.2	0.0
中国	87.8	47.4	17.0	17.2	3.9	1.8	0.4	0.1	0.0
四国	61.3	25.2	10.7	16.3	4.8	3.7	0.4	0.1	0.1
九州	153.1	52.4	21.6	41.1	15.8	17.6	2.8	1.3	0.6
沖縄	9.8	2.1	2.4	3.9	0.8	0.5	0.1	0.0	0.0
(都道府県)									
北海道	29.7	1.7	0.7	4.0	3.5	10.1	5.2	3.7	0.9
青森	27.0	3.4	2.8	11.7	5.2	3.3	0.3	0.1	0.0
岩手	31.8	10.0	6.7	10.7	2.3	1.4	0.3	0.3	0.0
宮城	27.1	7.1	5.2	10.6	2.0	1.8	0.3	0.2	0.0
秋田	25.9	4.4	5.1	11.6	2.8	1.7	0.2	0.0	0.0
山形	25.8	3.6	3.9	11.1	4.3	2.5	0.3	0.0	0.0
福島	41.0	13.8	7.7	13.8	3.3	2.1	0.3	0.1	0.0
茨城	42.1	15.1	6.8	11.6	3.0	3.7	0.9	0.6	0.2
栃木	30.1	7.8	6.0	9.8	2.9	2.8	0.5	0.3	0.1
群馬	19.2	6.8	2.4	4.8	2.0	2.2	0.7	0.4	0.0
埼玉	26.8	11.3	5.8	6.1	1.7	1.6	0.2	0.1	0.0
千葉	33.7	8.7	5.6	11.4	3.6	3.4	0.5	0.3	0.1
東京	4.9	1.3	1.1	1.9	0.5	0.2	0.0	0.0	0.0
神奈川	10.9	4.2	1.5	2.9	1.2	0.8	0.2	0.0	0.0
新潟	39.4	8.2	7.5	17.2	3.7	2.5	0.3	0.1	0.0
富山	10.5	3.4	2.7	3.7	0.4	0.2	0.0	0.0	0.0
石川	9.2	3.2	2.0	2.9	0.5	0.5	0.0	0.1	-
福井	8.8	3.0	2.9	2.3	0.4	0.2	0.0	0.0	0.0
山梨	14.7	4.3	2.1	5.6	1.8	0.9	0.1	0.0	0.0
長野	39.4	14.9	6.4	11.3	3.2	2.5	0.7	0.4	0.0
岐阜	19.4	12.3	2.8	2.6	0.7	0.7	0.1	0.1	0.0
静岡	24.4	8.1	3.7	7.0	2.7	2.4	0.4	0.2	0.0
愛知	24.3	10.4	3.0	4.5	1.8	3.4	0.7	0.4	0.1
三重	17.0	8.5	4.0	3.4	0.6	0.4	0.1	0.0	0.0
滋賀	12.2	5.1	3.2	2.7	0.5	0.5	0.2	0.0	0.0
京都	12.8	6.8	2.5	2.5	0.6	0.4	0.0	0.0	0.0
大阪	7.3	4.3	1.2	1.1	0.4	0.2	0.0	0.0	0.0
兵庫	36.2	19.9	6.7	7.3	1.2	0.9	0.1	0.1	0.0
奈良	10.2	5.4	2.2	1.7	0.3	0.4	0.1	0.0	0.0
和歌山	17.6	4.5	2.8	6.0	2.4	1.8	0.1	0.0	0.0
鳥取	12.0	5.3	2.5	2.7	0.9	0.5	0.1	0.0	0.0
島根	13.3	6.7	3.2	2.6	0.5	0.3	0.0	0.0	0.0
岡山	27.8	15.1	5.1	5.7	1.3	0.5	0.1	0.0	0.0
広島	20.7	11.7	3.9	3.9	0.8	0.3	0.1	0.0	0.0
山口	13.9	8.6	2.3	2.3	0.4	0.2	0.0	0.0	0.0
徳島	13.8	5.7	2.4	3.7	1.0	0.9	0.1	0.0	0.0
香川	15.3	8.5	2.5	3.1	0.6	0.5	0.0	0.0	0.0
愛媛	20.4	7.8	3.9	6.1	1.7	0.8	0.1	0.0	0.0
高知	11.8	3.2	1.9	3.4	1.4	1.5	0.2	0.1	0.0
福岡	26.5	9.6	4.2	7.1	2.3	2.7	0.4	0.2	0.0
佐賀	13.1	4.0	1.7	4.0	1.6	1.4	0.2	0.1	0.1
長崎	17.4	6.4	2.2	4.5	1.8	2.1	0.2	0.1	0.1
熊本	31.9	9.9	4.0	8.2	3.6	4.7	0.8	0.4	0.2
大分	17.7	9.0	2.5	3.8	1.2	1.0	0.1	0.1	0.0
宮崎	20.0	6.2	2.4	4.7	2.7	3.1	0.6	0.3	0.1
鹿児島	26.6	7.2	4.5	8.9	2.7	2.5	0.5	0.2	0.1
沖縄	9.8	2.1	2.4	3.9	0.8	0.5	0.1	0.0	0.0
関東農政局	246.2	82.4	41.4	72.5	22.5	20.5	4.3	2.2	0.4
東海農政局	60.7	31.2	9.7	10.5	3.1	4.5	1.0	0.5	0.1
中国四国農政局	149.1	72.6	27.6	33.5	8.7	5.5	0.8	0.3	0.1

注：1)は、販売なしを含む。

(4)　農産物販売金額１位の部門別経営体数（全国農業地域別、都道府県別）

単位：千経営体

全国農業地域・都道府県	計	稲作	1)畑作	露地野菜	施設野菜	果樹類	酪農	肉用牛	2)その他
全国	**916.1**	**506.4**	**48.8**	**100.1**	**59.7**	**124.5**	**11.1**	**26.1**	**39.2**
（全国農業地域）									
北海道	29.3	7.6	6.7	4.0	2.5	0.6	4.6	1.1	2.1
都府県	886.7	498.8	42.1	96.1	57.2	123.9	6.6	25.0	37.1
東北	170.5	112.9	3.9	12.7	5.5	23.6	1.8	5.9	4.4
北陸	66.0	57.9	0.5	2.2	0.8	2.9	0.2	0.3	1.4
関東・東山	202.1	98.2	8.4	34.9	14.9	32.2	2.0	1.5	9.9
東海	75.6	36.6	5.7	9.2	6.2	10.7	0.4	0.5	6.0
近畿	85.1	52.9	2.5	8.4	3.5	14.3	0.3	0.9	2.3
中国	80.6	57.8	1.4	5.4	2.9	9.2	0.4	1.6	2.1
四国	56.7	25.9	1.7	8.1	5.3	13.1	0.2	0.3	2.1
九州	140.7	56.4	13.3	14.3	17.4	17.2	1.1	12.9	7.8
沖縄	9.5	0.1	4.8	0.8	0.7	0.7	0.0	1.2	1.0
（都道府県）									
北海道	29.3	7.6	6.7	4.0	2.5	0.6	4.6	1.1	2.1
青森	26.4	9.8	1.2	3.5	0.6	10.5	0.1	0.4	0.3
岩手	29.9	19.4	0.8	2.0	1.1	1.7	0.7	2.4	1.7
宮城	25.8	20.8	0.2	1.2	1.0	0.4	0.5	1.4	0.4
秋田	25.4	21.3	0.5	1.1	0.3	1.2	0.1	0.3	0.6
山形	25.4	14.6	0.3	2.3	0.8	6.3	0.1	0.3	0.6
福島	37.6	26.9	0.8	2.6	1.6	3.6	0.2	1.0	0.9
茨城	38.6	23.5	2.3	5.2	3.4	2.3	0.2	0.3	1.5
栃木	28.3	20.2	0.6	1.8	3.0	0.8	0.5	0.5	0.8
群馬	16.7	5.5	1.0	4.5	2.9	1.0	0.4	0.3	1.0
埼玉	22.3	12.6	0.9	4.7	1.3	1.1	0.1	0.2	1.5
千葉	31.3	17.0	1.7	6.4	2.2	1.6	0.4	0.1	1.8
東京	4.4	0.0	0.2	2.4	0.3	0.8	0.0	0.0	0.7
神奈川	9.7	1.6	0.7	3.8	0.5	2.3	0.1	0.0	0.7
新潟	38.4	34.0	0.2	1.4	0.4	1.7	0.1	0.1	0.5
富山	10.3	8.8	0.0	0.2	0.1	0.4	0.0	0.0	0.7
石川	8.8	7.6	0.1	0.4	0.1	0.4	0.0	0.2	0.1
福井	8.4	7.4	0.2	0.2	0.2	0.4	0.0	0.0	0.1
山梨	13.4	2.8	0.1	0.8	0.2	9.1	0.0	0.0	0.2
長野	37.4	15.0	0.8	5.2	0.9	13.3	0.2	0.2	1.8
岐阜	16.4	11.3	0.2	1.7	0.7	1.8	0.1	0.3	0.5
静岡	22.5	5.1	4.6	2.7	2.4	5.3	0.1	0.1	2.2
愛知	21.4	8.5	0.4	4.2	2.6	2.6	0.2	0.1	2.8
三重	15.2	11.8	0.6	0.6	0.5	1.0	0.0	0.1	0.6
滋賀	11.1	9.8	0.1	0.4	0.4	0.2	0.0	0.0	0.2
京都	11.3	7.6	0.9	1.8	0.4	0.4	0.0	0.0	0.2
大阪	5.6	3.1	0.0	0.9	0.5	0.9	0.0	0.0	0.3
兵庫	31.4	23.2	1.0	3.8	0.8	1.0	0.2	0.8	0.6
奈良	8.8	6.0	0.3	0.7	0.7	0.8	0.0	0.0	0.3
和歌山	16.8	3.1	0.2	0.9	0.8	11.1	0.0	0.0	0.7
鳥取	11.2	6.9	0.2	1.4	0.6	1.2	0.1	0.2	0.7
島根	12.7	9.5	0.1	0.7	0.5	0.8	0.0	0.6	0.3
岡山	25.8	19.1	0.8	1.2	0.4	3.4	0.2	0.2	0.5
広島	18.8	13.7	0.2	1.2	0.6	2.5	0.1	0.2	0.3
山口	12.1	8.5	0.1	0.9	0.8	1.2	0.0	0.3	0.3
徳島	13.0	6.5	0.6	2.5	0.7	2.1	0.0	0.1	0.6
香川	14.5	9.8	0.2	2.1	0.7	1.3	0.0	0.1	0.4
愛媛	18.2	6.3	0.6	1.6	0.7	8.2	0.1	0.1	0.6
高知	11.0	3.4	0.3	1.9	3.2	1.5	0.0	0.1	0.6
福岡	24.7	13.7	1.0	2.2	3.0	3.0	0.2	0.1	1.6
佐賀	12.4	5.1	0.4	2.3	1.8	2.1	0.0	0.4	0.3
長崎	15.7	5.3	1.2	2.0	2.1	2.6	0.1	1.7	0.8
熊本	29.4	11.2	1.5	2.7	5.6	5.1	0.4	1.4	1.5
大分	15.4	9.3	0.5	1.5	1.0	1.4	0.1	0.6	1.0
宮崎	18.3	5.9	1.2	1.5	2.9	1.4	0.2	3.9	1.2
鹿児島	24.8	5.9	7.6	2.1	1.1	1.7	0.2	4.8	1.4
沖縄	9.5	0.1	4.8	0.8	0.7	0.7	0.0	1.2	1.0
関東農政局	224.6	103.4	13.0	37.6	17.3	37.5	2.2	1.6	12.1
東海農政局	53.1	31.5	1.1	6.6	3.8	5.5	0.3	0.5	3.9
中国四国農政局	137.3	83.7	3.1	13.5	8.1	22.3	0.6	1.8	4.2

注：1)は、「麦類作」、「雑穀・いも類・豆類」及び「工芸農作物」である。
　　2)は、「花き・花木」、「その他の作物」、「養豚」、「養鶏」及び「その他の畜産」である。

3　農業経営体（個人経営体）（続き）
(5)　農業経営組織別経営体数（全国農業地域別、都道府県別）

全国農業地域・都道府県		計	販売のあった経営体数	単一			
				小計	稲作	1)畑作	露地野菜
全国	(1)	**991.4**	**916.1**	**747.8**	**448.3**	**30.5**	**63.7**
(全国農業地域)							
北海道	(2)	29.7	29.3	16.5	4.6	1.3	1.7
都府県	(3)	961.7	886.7	731.2	443.7	29.2	61.9
東北	(4)	178.5	170.5	137.9	98.5	2.6	7.1
北陸	(5)	68.0	66.0	60.1	55.0	0.2	1.1
関東・東山	(6)	221.8	202.1	164.8	86.7	5.1	24.7
東海	(7)	85.1	75.6	63.8	32.8	4.7	6.3
近畿	(8)	96.3	85.1	70.4	47.6	1.2	5.0
中国	(9)	87.8	80.6	69.5	53.7	0.7	3.0
四国	(10)	61.3	56.7	45.8	22.6	1.1	4.8
九州	(11)	153.1	140.7	110.6	46.9	9.1	9.4
沖縄	(12)	9.8	9.5	8.3	0.1	4.5	0.6
(都道府県)							
北海道	(13)	29.7	29.3	16.5	4.6	1.3	1.7
青森	(14)	27.0	26.4	20.6	7.8	0.7	2.2
岩手	(15)	31.8	29.9	23.7	17.0	0.7	1.1
宮城	(16)	27.1	25.8	22.0	18.7	0.1	0.8
秋田	(17)	25.9	25.4	21.9	19.3	0.4	0.5
山形	(18)	25.8	25.4	18.6	11.3	0.2	1.1
福島	(19)	41.0	37.6	31.2	24.3	0.6	1.3
茨城	(20)	42.1	38.6	32.3	21.2	1.4	3.8
栃木	(21)	30.1	28.3	22.7	17.5	0.3	0.9
群馬	(22)	19.2	16.7	12.6	4.5	0.6	3.4
埼玉	(23)	26.8	22.3	18.2	11.3	0.4	3.4
千葉	(24)	33.7	31.3	25.6	15.4	1.1	4.5
東京	(25)	4.9	4.4	2.7	-	0.1	1.5
神奈川	(26)	10.9	9.7	7.4	1.2	0.4	2.9
新潟	(27)	39.4	38.4	35.1	32.4	0.0	0.8
富山	(28)	10.5	10.3	10.0	9.0	0.0	0.1
石川	(29)	9.2	8.8	7.7	7.0	0.1	0.2
福井	(30)	8.8	8.4	7.2	6.5	0.1	0.0
山梨	(31)	14.7	13.4	12.3	2.5	0.1	0.5
長野	(32)	39.4	37.4	31.0	13.0	0.6	3.9
岐阜	(33)	19.4	16.4	14.3	10.2	0.2	1.2
静岡	(34)	24.4	22.5	18.5	4.4	3.9	1.8
愛知	(35)	24.3	21.4	17.5	7.4	0.2	2.9
三重	(36)	17.0	15.2	13.5	10.8	0.5	0.4
滋賀	(37)	12.2	11.1	9.7	9.0	0.1	0.1
京都	(38)	12.8	11.3	8.6	6.6	0.5	1.0
大阪	(39)	7.3	5.6	4.3	2.7	-	0.5
兵庫	(40)	36.2	31.4	26.1	20.9	0.3	2.7
奈良	(41)	10.2	8.8	7.6	5.7	0.2	0.3
和歌山	(42)	17.6	16.8	14.2	2.7	0.1	0.4
鳥取	(43)	12.0	11.2	8.9	6.2	0.1	0.8
島根	(44)	13.3	12.7	11.1	9.1	0.1	0.4
岡山	(45)	27.8	25.8	22.1	17.6	0.4	0.5
広島	(46)	20.7	18.8	17.0	12.8	0.1	0.7
山口	(47)	13.9	12.1	10.5	8.0	0.0	0.5
徳島	(48)	13.8	13.0	10.5	5.6	0.5	1.8
香川	(49)	15.3	14.5	11.8	8.8	0.0	1.1
愛媛	(50)	20.4	18.2	14.4	5.0	0.4	0.7
高知	(51)	11.8	11.0	9.2	3.2	0.2	1.2
福岡	(52)	26.5	24.7	19.2	11.2	0.4	1.4
佐賀	(53)	13.1	12.4	10.0	4.1	0.3	1.7
長崎	(54)	17.4	15.7	11.9	4.2	0.8	1.3
熊本	(55)	31.9	29.4	22.9	9.6	0.9	1.6
大分	(56)	17.7	15.4	12.0	7.7	0.2	0.9
宮崎	(57)	20.0	18.3	14.7	5.0	0.6	1.0
鹿児島	(58)	26.6	24.8	19.9	5.2	5.8	1.6
沖縄	(59)	9.8	9.5	8.3	0.1	4.5	0.6
関東農政局	(60)	246.2	224.6	183.3	91.1	9.0	26.5
東海農政局	(61)	60.7	53.1	45.3	28.4	0.8	4.5
中国四国農政局	(62)	149.1	137.3	115.4	76.3	1.8	7.7

注：1)は、「麦類作」、「雑穀・いも類・豆類」及び「工芸農作物」である。
　　2)は、「花き・花木」、「その他の作物」、「養豚」、「養鶏」及び「その他の畜産」である。

単位:千経営体

経営							
施設野菜	果樹類	酪農	肉用牛	2)その他	複合経営	販売のなかった経営体数	
40.7	**104.8**	**9.9**	**20.3**	**29.4**	**168.3**	**75.3**	(1)
1.6	0.6	4.3	0.9	1.5	12.7	0.5	(2)
39.1	104.2	5.6	19.5	28.0	155.7	74.9	(3)
2.5	19.1	1.5	3.9	2.8	32.6	8.0	(4)
0.4	2.1	0.2	0.1	0.9	6.2	2.0	(5)
9.7	27.7	1.9	1.1	7.8	37.1	19.7	(6)
5.0	9.1	0.4	0.4	5.1	11.6	9.5	(7)
1.7	12.3	0.2	0.9	1.6	14.7	11.2	(8)
1.7	7.8	0.4	1.0	1.3	11.2	7.2	(9)
4.1	11.3	0.2	0.2	1.6	10.9	4.6	(10)
13.4	14.1	1.0	10.8	5.9	30.2	12.4	(11)
0.5	0.6	0.0	1.0	0.9	1.2	0.3	(12)
1.6	0.6	4.3	0.9	1.5	12.7	0.5	(13)
0.3	8.9	0.1	0.4	0.2	5.7	0.6	(14)
0.5	1.1	0.6	1.6	1.0	6.2	1.9	(15)
0.5	0.2	0.4	0.9	0.3	3.9	1.2	(16)
0.1	1.0	0.1	0.2	0.2	3.5	0.5	(17)
0.3	5.1	0.1	0.1	0.4	6.8	0.4	(18)
0.7	2.9	0.2	0.6	0.7	6.4	3.4	(19)
2.5	1.8	0.3	0.2	1.1	6.3	3.4	(20)
2.1	0.6	0.4	0.3	0.5	5.6	1.8	(21)
1.9	0.9	0.4	0.2	0.8	4.0	2.6	(22)
0.8	0.8	0.1	0.1	1.2	4.0	4.5	(23)
1.3	1.3	0.4	0.1	1.4	5.7	2.4	(24)
0.1	0.4	0.0	0.0	0.6	1.6	0.5	(25)
0.4	1.7	0.1	0.0	0.7	2.4	1.2	(26)
0.1	1.2	0.1	0.1	0.3	3.4	1.0	(27)
0.0	0.3	0.0	0.0	0.5	0.5	0.2	(28)
0.1	0.3	0.0	0.0	0.1	1.2	0.3	(29)
0.2	0.2	-	0.0	0.1	1.2	0.4	(30)
0.1	8.7	0.0	0.0	0.3	1.1	1.3	(31)
0.5	11.4	0.2	0.1	1.3	6.4	2.1	(32)
0.6	1.4	0.1	0.2	0.4	2.1	2.9	(33)
1.9	4.5	0.1	0.0	1.8	3.9	1.9	(34)
2.1	2.3	0.2	0.1	2.5	3.9	2.8	(35)
0.5	0.9	0.0	0.1	0.4	1.7	1.9	(36)
0.3	0.1	0.0	0.0	0.1	1.5	1.0	(37)
0.1	0.3	0.0	0.0	0.1	2.7	1.5	(38)
0.2	0.6	0.0	-	0.2	1.4	1.6	(39)
0.3	0.5	0.1	0.7	0.5	5.3	4.8	(40)
0.3	0.7	0.0	0.1	0.2	1.2	1.4	(41)
0.4	10.2	-	0.0	0.4	2.6	0.8	(42)
0.3	0.9	0.1	0.1	0.3	2.3	0.9	(43)
0.3	0.6	0.0	0.3	0.2	1.6	0.6	(44)
0.3	2.8	0.1	0.1	0.3	3.8	1.9	(45)
0.4	2.4	0.1	0.1	0.3	1.9	1.9	(46)
0.4	1.0	0.0	0.3	0.3	1.6	1.8	(47)
0.5	1.5	0.0	0.1	0.5	2.5	0.9	(48)
0.5	1.0	0.0	0.1	0.3	2.7	0.8	(49)
0.3	7.4	0.1	0.1	0.4	4.0	2.2	(50)
2.8	1.4	0.0	0.0	0.4	1.8	0.7	(51)
2.3	2.4	0.1	0.1	1.4	5.5	1.8	(52)
1.4	1.7	0.0	0.4	0.4	2.5	0.7	(53)
1.5	2.0	0.1	1.4	0.6	3.9	1.7	(54)
4.2	4.2	0.3	1.1	1.0	6.4	2.5	(55)
0.8	1.2	0.0	0.5	0.7	3.4	2.4	(56)
2.2	1.1	0.2	3.5	1.0	3.6	1.7	(57)
0.8	1.5	0.2	4.0	0.9	4.9	1.7	(58)
0.5	0.6	0.0	1.0	0.9	1.2	0.3	(59)
11.7	32.2	2.0	1.2	9.6	41.0	21.6	(60)
3.1	4.6	0.2	0.4	3.3	7.7	7.6	(61)
5.8	19.1	0.5	1.2	2.9	22.1	11.8	(62)

3　農業経営体（個人経営体）（続き）

(6)　経営耕地の状況（全国農業地域別、都道府県別）

全国農業地域・都道府県		経営耕地計			田			畑（樹園地を除く	
		経営耕地のある実経営体数	面積	1経営体当たり面積	経営耕地のある経営体数	面積	1経営体当たり面積	経営耕地のある経営体数	面積
		千経営体	千ha	ha	千経営体	千ha	ha	千経営体	千ha
全国	(1)	**987.0**	**2,409.2**	**2.4**	**791.8**	**1,333.5**	**1.7**	**552.2**	**930.5**
（全国農業地域）									
北海道	(2)	29.3	737.0	25.2	13.5	140.9	10.4	25.2	594.8
都府県	(3)	957.7	1,672.2	1.7	778.3	1,192.6	1.5	527.0	335.7
東北	(4)	177.6	457.7	2.6	155.2	362.0	2.3	100.2	67.2
北陸	(5)	67.7	160.0	2.4	63.8	149.7	2.3	30.6	7.8
関東・東山	(6)	220.9	387.2	1.8	162.9	240.7	1.5	143.7	119.9
東海	(7)	84.5	111.5	1.3	62.4	70.3	1.1	54.7	22.5
近畿	(8)	96.2	105.0	1.1	83.3	80.8	1.0	38.9	6.8
中国	(9)	87.5	100.1	1.1	78.8	81.8	1.0	45.7	12.4
四国	(10)	61.3	64.3	1.0	47.7	42.4	0.9	25.5	8.1
九州	(11)	152.1	269.7	1.8	123.8	164.3	1.3	78.7	75.8
沖縄	(12)	9.8	16.8	1.7	0.4	0.6	1.5	9.0	15.5
（都道府県）									
北海道	(13)	29.3	737.0	25.2	13.5	140.9	10.4	25.2	594.8
青森	(14)	27.0	79.7	3.0	19.0	46.6	2.5	10.6	18.3
岩手	(15)	31.5	67.7	2.1	28.8	46.6	1.6	20.0	19.1
宮城	(16)	27.0	69.5	2.6	25.5	60.9	2.4	16.0	8.2
秋田	(17)	25.8	79.7	3.1	24.6	74.1	3.0	10.3	4.5
山形	(18)	25.7	78.0	3.0	20.2	65.8	3.3	14.8	6.3
福島	(19)	40.8	83.1	2.0	37.0	68.1	1.8	28.5	10.8
茨城	(20)	42.0	97.4	2.3	35.5	62.8	1.8	26.1	31.7
栃木	(21)	30.0	78.3	2.6	28.4	65.8	2.3	16.9	11.4
群馬	(22)	18.9	30.3	1.6	13.5	11.3	0.8	15.7	17.8
埼玉	(23)	26.8	41.5	1.5	19.6	27.1	1.4	18.2	13.0
千葉	(24)	33.6	67.1	2.0	25.6	44.4	1.7	21.6	21.0
東京	(25)	4.9	3.3	0.7	0.5	0.2	0.4	4.8	2.2
神奈川	(26)	10.9	9.4	0.9	4.1	2.1	0.5	8.9	5.4
新潟	(27)	39.3	104.9	2.7	37.2	98.3	2.6	21.2	5.1
富山	(28)	10.5	18.8	1.8	10.0	18.1	1.8	2.2	0.4
石川	(29)	9.2	22.1	2.4	8.4	19.8	2.4	3.9	1.8
福井	(30)	8.7	14.2	1.6	8.2	13.5	1.6	3.3	0.5
山梨	(31)	14.7	11.1	0.8	5.5	3.0	0.5	5.2	1.8
長野	(32)	39.3	48.9	1.2	30.2	23.9	0.8	26.3	15.5
岐阜	(33)	19.3	17.5	0.9	17.0	13.2	0.8	14.4	3.0
静岡	(34)	24.3	30.5	1.3	12.9	12.1	0.9	13.8	5.5
愛知	(35)	23.8	35.9	1.5	17.2	21.2	1.2	17.8	12.0
三重	(36)	17.0	27.7	1.6	15.4	23.8	1.5	8.8	2.0
滋賀	(37)	12.1	23.0	1.9	12.0	22.1	1.8	5.4	0.6
京都	(38)	12.8	14.4	1.1	12.2	11.7	1.0	6.4	1.4
大阪	(39)	7.2	4.6	0.6	6.5	3.4	0.5	3.6	0.6
兵庫	(40)	36.2	34.8	1.0	35.2	32.0	0.9	14.2	2.2
奈良	(41)	10.1	9.6	1.0	9.2	6.8	0.7	4.4	0.8
和歌山	(42)	17.6	18.6	1.1	8.3	4.9	0.6	4.9	1.2
鳥取	(43)	12.0	15.8	1.3	11.1	10.7	1.0	7.7	4.3
島根	(44)	13.2	14.7	1.1	12.3	12.7	1.0	7.3	1.5
岡山	(45)	27.8	28.8	1.0	25.5	24.2	0.9	14.1	3.1
広島	(46)	20.7	25.3	1.2	17.6	20.7	1.2	10.2	2.2
山口	(47)	13.9	15.5	1.1	12.2	13.4	1.1	6.4	1.3
徳島	(48)	13.8	13.9	1.0	10.7	9.4	0.9	6.7	2.9
香川	(49)	15.3	15.2	1.0	14.4	12.7	0.9	4.7	1.3
愛媛	(50)	20.4	22.5	1.1	13.4	11.0	0.8	8.0	2.0
高知	(51)	11.8	12.7	1.1	9.2	9.3	1.0	6.1	1.9
福岡	(52)	26.5	44.5	1.7	23.1	35.8	1.5	10.0	3.3
佐賀	(53)	13.0	21.7	1.7	11.5	17.1	1.5	4.8	1.8
長崎	(54)	17.3	23.9	1.4	13.5	11.6	0.9	11.0	9.2
熊本	(55)	31.8	63.1	2.0	27.0	42.5	1.6	14.9	12.1
大分	(56)	17.6	24.5	1.4	15.5	19.0	1.2	7.9	4.1
宮崎	(57)	19.8	36.4	1.8	18.0	21.7	1.2	11.2	12.4
鹿児島	(58)	26.3	55.5	2.1	15.2	16.7	1.1	18.9	32.9
沖縄	(59)	9.8	16.8	1.7	0.4	0.6	1.5	9.0	15.5
関東農政局	(60)	245.3	417.7	1.7	175.8	252.7	1.4	157.5	125.4
東海農政局	(61)	60.1	81.1	1.3	49.5	58.2	1.2	40.9	17.0
中国四国農政局	(62)	148.8	164.3	1.1	126.5	124.1	1.0	71.2	20.5

。）	樹園地			
1経営体当たり面積	経営耕地のある経営体数	面積	1経営体当たり面積	
ha	千経営体	千ha	ha	
1.7	**201.9**	**145.4**	**0.7**	(1)
23.6	0.9	1.3	1.4	(2)
0.6	201.0	144.1	0.7	(3)
0.7	34.0	28.5	0.8	(4)
0.3	5.6	2.5	0.4	(5)
0.8	46.7	26.7	0.6	(6)
0.4	23.6	18.8	0.8	(7)
0.2	22.8	17.4	0.8	(8)
0.3	15.8	5.9	0.4	(9)
0.3	20.8	13.8	0.7	(10)
1.0	30.5	29.5	1.0	(11)
1.7	1.2	0.7	0.6	(12)
23.6	0.9	1.3	1.4	(13)
1.7	12.2	14.7	1.2	(14)
1.0	2.9	2.0	0.7	(15)
0.5	1.0	0.4	0.4	(16)
0.4	2.0	1.2	0.6	(17)
0.4	9.9	5.9	0.6	(18)
0.4	6.0	4.2	0.7	(19)
1.2	5.2	2.9	0.6	(20)
0.7	1.6	1.1	0.7	(21)
1.1	1.9	1.1	0.6	(22)
0.7	2.8	1.4	0.5	(23)
1.0	2.8	1.7	0.6	(24)
0.5	1.9	0.9	0.5	(25)
0.6	4.1	1.8	0.4	(26)
0.2	2.9	1.4	0.5	(27)
0.2	0.8	0.3	0.4	(28)
0.5	1.0	0.5	0.5	(29)
0.2	0.9	0.2	0.2	(30)
0.3	10.1	6.3	0.6	(31)
0.6	16.2	9.5	0.6	(32)
0.2	4.0	1.3	0.3	(33)
0.4	12.0	12.9	1.1	(34)
0.7	5.4	2.6	0.5	(35)
0.2	2.3	2.0	0.9	(36)
0.1	0.6	0.3	0.5	(37)
0.2	2.1	1.4	0.7	(38)
0.2	1.9	0.5	0.3	(39)
0.2	3.4	0.6	0.2	(40)
0.2	1.8	2.0	1.1	(41)
0.2	13.0	12.6	1.0	(42)
0.6	1.8	0.7	0.4	(43)
0.2	1.6	0.5	0.3	(44)
0.2	5.9	1.5	0.3	(45)
0.2	4.0	2.4	0.6	(46)
0.2	2.5	0.8	0.3	(47)
0.4	4.2	1.6	0.4	(48)
0.3	2.4	1.2	0.5	(49)
0.3	10.9	9.5	0.9	(50)
0.3	3.3	1.5	0.5	(51)
0.3	5.7	5.4	0.9	(52)
0.4	3.2	2.9	0.9	(53)
0.8	3.7	3.1	0.8	(54)
0.8	8.4	8.5	1.0	(55)
0.5	3.3	1.4	0.4	(56)
1.1	2.9	2.4	0.8	(57)
1.7	3.3	5.8	1.8	(58)
1.7	1.2	0.7	0.6	(59)
0.8	58.7	39.6	0.7	(60)
0.4	11.6	5.9	0.5	(61)
0.3	36.6	19.7	0.5	(62)

3　農業経営体（個人経営体）（続き）
(7)　借入耕地の状況（全国農業地域別）

全国農業地域	借入耕地計			田			畑（樹園地を除く	
	借入耕地のある実経営体数	面積	1経営体当たり面　積	借入耕地のある経営体数	面積	1経営体当たり面　積	借入耕地のある経営体数	面積
	千経営体	千ha	ha	千経営体	千ha	ha	千経営体	千ha
全　国 (1)	**355.7**	**743.6**	**2.1**	**259.5**	**489.6**	**1.9**	**116.5**	**232.2**
北海道 (2)	13.2	142.8	10.8	4.9	28.8	5.9	10.1	113.4
都府県 (3)	342.5	600.9	1.8	254.5	460.8	1.8	106.4	118.8
東　北 (4)	54.7	152.4	2.8	43.3	124.5	2.9	15.0	24.5
北　陸 (5)	32.6	70.7	2.2	30.2	67.2	2.2	4.8	3.1
関東・東山 (6)	73.8	139.6	1.9	47.8	94.2	2.0	31.7	41.9
東　海 (7)	26.4	44.2	1.7	16.3	34.0	2.1	9.6	5.6
近　畿 (8)	34.3	37.5	1.1	28.8	33.5	1.2	6.0	1.9
中　国 (9)	29.8	33.1	1.1	24.5	28.4	1.2	5.9	3.7
四　国 (10)	19.5	16.8	0.9	14.1	13.1	0.9	4.5	2.0
九　州 (11)	66.7	101.0	1.5	49.3	65.5	1.3	24.3	30.9
沖　縄 (12)	4.7	5.6	1.2	0.3	0.3	1.0	4.5	5.1

(8)　年齢階層別常雇い数（全国農業地域別）

全国農業地域	雇い入れた経営体数	男女計						
		計	29歳以下	30～34	35～39	40～44	45～49	50～54
	千経営体	千人	千人	千人	千人	千人	千人	千人
全　国 (1)	**20.9**	**44.3**	**7.2**	**4.7**	**4.6**	**3.8**	**3.5**	**3.1**
北海道 (2)	2.5	4.5	0.9	0.5	0.6	0.4	0.4	0.3
都府県 (3)	18.5	39.9	6.2	4.2	4.0	3.5	3.2	2.9
東　北 (4)	1.9	4.0	0.2	0.2	0.4	0.4	0.4	0.3
北　陸 (5)	0.4	1.1	0.2	0.1	0.1	0.0	0.0	0.1
関東・東山 (6)	5.3	11.8	2.4	1.6	1.2	0.8	0.9	0.7
東　海 (7)	2.7	6.6	0.6	0.5	0.5	0.6	0.6	0.5
近　畿 (8)	1.2	2.7	0.3	0.2	0.2	0.3	0.3	0.3
中　国 (9)	0.6	1.0	0.0	0.1	0.1	0.1	0.1	0.1
四　国 (10)	1.2	2.2	0.5	0.2	0.1	0.2	0.2	0.2
九　州 (11)	4.9	10.0	1.8	1.3	1.2	1.0	0.6	0.7
沖　縄 (12)	0.3	0.5	0.0	0.1	0.0	0.1	0.1	0.1

(9)　臨時雇い数（全国農業地域別）

全国農業地域	男女計		男		女	
	雇い入れた実経営体数	人数	雇い入れた経営体数	人数	雇い入れた経営体数	人数
	千経営体	千人	千経営体	千人	千経営体	千人
全　国	**188.1**	**1,177.5**	**151.6**	**640.4**	**126.7**	**537.1**
北海道	11.2	84.8	8.7	42.0	8.7	42.8
都府県	176.9	1,092.8	142.9	598.4	118.0	494.3
東　北	42.5	315.5	34.7	175.9	30.6	139.6
北　陸	11.1	60.0	10.3	33.8	6.6	26.2
関東・東山	38.1	227.1	29.6	134.9	24.5	92.3
東　海	13.3	76.6	10.1	35.6	8.4	41.0
近　畿	16.9	85.7	13.8	49.8	11.2	35.9
中　国	12.0	64.0	10.2	45.3	6.1	18.7
四　国	8.5	38.9	7.0	19.4	6.3	19.5
九　州	33.3	222.0	25.9	101.5	23.8	120.5
沖　縄	1.2	3.1	1.2	2.4	0.6	0.7

。）	樹園地			
1経営体当たり面　積	借入耕地のある経営体数	面積	1経営体当たり面　積	
ha	千経営体	千ha	ha	
2.0	**37.7**	**21.8**	**0.6**	(1)
11.2	0.1	0.5	5.0	(2)
1.1	37.6	21.3	0.6	(3)
1.6	6.0	3.4	0.6	(4)
0.6	1.3	0.4	0.3	(5)
1.3	8.4	3.5	0.4	(6)
0.6	4.8	4.5	0.9	(7)
0.3	4.4	2.1	0.5	(8)
0.6	3.1	1.0	0.3	(9)
0.4	3.7	1.7	0.5	(10)
1.3	5.7	4.6	0.8	(11)
1.1	0.3	0.2	0.7	(12)

55～59	60～64	65～69	70～74	75歳以上	年齢不詳	
千人	千人	千人	千人	千人	千人	
3.3	**3.8**	**4.1**	**3.8**	**2.0**	**0.6**	(1)
0.2	0.2	0.3	0.3	0.1	0.2	(2)
3.1	3.6	3.8	3.5	1.8	0.4	(3)
0.4	0.5	0.5	0.5	0.2	0.1	(4)
0.1	0.1	0.3	0.2	0.1	0.0	(5)
0.7	0.9	1.0	0.9	0.4	0.2	(6)
0.7	0.7	0.9	0.7	0.3	0.0	(7)
0.3	0.2	0.2	0.2	0.1	0.0	(8)
0.1	0.2	0.1	0.1	0.0	0.0	(9)
0.1	0.1	0.2	0.2	0.1	0.0	(10)
0.5	0.9	0.7	0.7	0.5	0.1	(11)
0.1	0.1	0.1	0.0	0.0	0.0	(12)

(10)　販売目的の水稲の作付面積規模別経営体数（全国農業地域別）

単位：千経営体

全国農業地域	作付け経営体数	1ha未満	1～2	2～3	3～5	5～10	10ha以上
全国	**638.3**	**408.3**	**120.2**	**40.5**	**31.5**	**24.1**	**13.7**
北海道	9.2	0.4	0.8	0.7	1.3	2.5	3.5
都府県	629.1	407.8	119.4	39.9	30.2	21.6	10.2
東北	135.1	62.6	33.2	14.5	12.1	8.6	4.3
北陸	60.0	27.5	15.6	6.0	5.3	3.9	1.8
関東・東山	128.9	81.6	26.7	9.3	5.2	3.8	2.3
東海	47.0	37.6	6.2	0.9	0.7	0.9	0.7
近畿	65.0	52.3	7.9	1.5	2.1	0.7	0.5
中国	65.6	52.1	8.8	2.5	1.1	0.9	0.2
四国	37.3	29.2	6.0	1.1	0.7	0.3	0.0
九州	90.2	64.9	15.1	4.2	3.1	2.5	0.4
沖縄	0.1	0.1	0.0	0.0	0.0	0.0	0.0

(11)　青色申告を行っている経営体数（全国農業地域別）

単位：千経営体

全国農業地域	計	青色申告を行っている経営体				青色申告を行っていない
		小計	正規の簿記	簡易簿記	現金主義	
全国	**991.4**	**361.3**	**185.8**	**141.5**	**34.0**	**630.1**
北海道	29.7	24.1	14.3	9.3	0.6	5.5
都府県	961.7	337.3	171.5	132.2	33.5	624.6
東北	178.5	57.6	25.6	25.8	6.2	121.0
北陸	68.0	22.2	11.1	9.0	2.2	45.8
関東・東山	221.8	85.9	40.4	36.1	9.4	135.8
東海	85.1	33.6	18.9	11.0	3.6	51.4
近畿	96.3	31.3	13.3	13.8	4.1	65.0
中国	87.8	26.9	13.7	9.8	3.3	60.9
四国	61.3	16.8	11.2	4.8	0.9	44.6
九州	153.1	59.9	35.5	20.8	3.7	93.2
沖縄	9.8	3.0	1.8	1.0	0.2	6.8

(12)　データを活用した農業を行っている経営体数（全国農業地域別）

単位：千経営体

全国農業地域	計	データを活用した農業を行っている経営体				データを活用した農業を行っていない経営体
		小計	データを取得して活用	データを取得・記録して活用	データを取得・分析して活用	
全国	**991.4**	**187.6**	**109.0**	**66.1**	**12.4**	**803.8**
北海道	29.7	16.1	9.3	5.7	1.1	13.4
都府県	961.7	171.5	99.7	60.4	11.4	790.4
東北	178.5	32.3	20.8	10.1	1.5	146.2
北陸	68.0	13.7	7.4	5.5	0.8	54.2
関東・東山	221.8	39.0	22.5	13.9	2.6	182.9
東海	85.1	16.5	9.0	6.1	1.4	68.5
近畿	96.3	17.4	9.0	7.4	1.0	78.9
中国	87.8	12.6	5.6	5.5	1.5	75.2
四国	61.3	8.9	5.3	3.0	0.7	52.5
九州	153.1	29.3	18.8	8.7	1.9	123.8
沖縄	9.8	1.7	1.2	0.4	0.1	8.1

(13)　年齢別世帯員数（全国農業地域別）

単位：千人

全国農業地域	男女計											
	計	29歳以下	30～34	35～39	40～44	45～49	50～54	55～59	60～64	65～69	70～74	75歳以上
全　　国	**3,218.5**	**523.3**	**105.6**	**128.0**	**153.1**	**173.6**	**167.2**	**217.0**	**295.9**	**344.9**	**395.9**	**714.1**
北海道	103.7	20.8	4.2	5.4	6.1	6.1	6.3	7.7	9.1	9.7	9.9	18.4
都府県	3,114.9	502.5	101.4	122.6	146.9	167.5	160.9	209.3	286.8	335.1	386.0	695.7
東　　北	628.5	106.8	21.6	27.3	32.7	33.2	31.8	42.0	60.4	68.4	73.4	130.8
北　　陸	239.6	44.1	8.5	10.3	12.6	13.8	12.4	15.6	21.2	24.6	28.1	48.6
関東・東山	723.0	115.9	25.6	29.1	34.8	40.7	38.6	47.3	63.6	75.9	87.7	163.7
東　　海	292.6	50.4	9.7	11.8	13.8	16.7	15.6	20.0	26.0	29.1	34.4	65.2
近　　畿	304.8	49.7	9.5	10.8	13.5	16.5	16.1	21.6	27.7	33.3	39.8	66.5
中　　国	262.4	37.9	7.0	8.9	11.6	13.8	12.3	15.7	23.5	30.2	37.6	64.0
四　　国	178.6	23.2	5.1	6.0	7.6	9.0	8.5	11.8	16.3	20.0	25.7	45.4
九　　州	462.5	71.8	13.9	17.5	19.4	22.9	24.5	33.4	45.3	50.7	56.6	106.6
沖　　縄	22.8	2.8	0.5	0.9	0.8	1.0	1.2	1.9	3.0	3.1	2.8	4.9

全国農業地域	男											
	小計	29歳以下	30～34	35～39	40～44	45～49	50～54	55～59	60～64	65～69	70～74	75歳以上
全　　国	**1,627.2**	**274.0**	**58.8**	**71.6**	**83.4**	**92.3**	**85.6**	**107.4**	**146.8**	**171.6**	**213.8**	**321.9**
北海道	53.4	11.1	2.5	3.1	3.4	3.2	3.2	4.0	4.8	4.9	5.5	7.9
都府県	1,573.8	262.9	56.3	68.5	80.0	89.1	82.5	103.4	142.0	166.7	208.3	314.0
東　　北	316.0	55.6	12.1	15.5	17.9	17.9	16.3	20.9	29.5	34.2	40.9	55.2
北　　陸	120.7	22.7	4.8	5.9	6.7	7.3	6.4	7.8	10.9	11.9	15.6	20.7
関東・東山	368.8	60.3	14.3	16.7	19.5	21.5	20.3	23.5	31.5	38.2	47.3	75.6
東　　海	146.6	26.7	5.3	6.6	7.5	8.8	7.8	9.6	12.4	14.1	17.9	29.9
近　　畿	152.5	26.2	5.5	5.8	6.9	8.7	7.8	10.0	13.6	16.3	21.0	30.5
中　　国	131.5	20.1	3.4	4.8	6.3	7.4	6.3	7.6	11.6	14.8	19.9	29.4
四　　国	90.4	12.4	2.8	3.4	4.3	4.6	4.8	5.9	7.8	9.7	13.6	21.2
九　　州	234.4	37.6	7.7	9.5	10.4	12.2	12.1	16.8	22.9	25.9	30.4	49.1
沖　　縄	12.8	1.4	0.4	0.5	0.4	0.6	0.7	1.2	1.7	1.7	1.7	2.5

全国農業地域	女											
	小計	29歳以下	30～34	35～39	40～44	45～49	50～54	55～59	60～64	65～69	70～74	75歳以上
全　　国	**1,591.3**	**249.3**	**46.8**	**56.4**	**69.7**	**81.3**	**81.5**	**109.6**	**149.1**	**173.3**	**182.1**	**392.2**
北海道	50.2	9.8	1.7	2.3	2.8	2.9	3.1	3.7	4.3	4.9	4.3	10.5
都府県	1,541.1	239.6	45.1	54.1	66.9	78.4	78.4	105.9	144.8	168.4	177.7	381.7
東　　北	312.5	51.2	9.5	11.9	14.8	15.3	15.5	21.1	30.8	34.3	32.5	75.6
北　　陸	118.9	21.4	3.7	4.4	5.8	6.4	5.9	7.8	10.3	12.7	12.5	27.9
関東・東山	354.2	55.6	11.3	12.4	15.3	19.1	18.3	23.8	32.1	37.7	40.4	88.2
東　　海	146.0	23.7	4.4	5.2	6.3	7.9	7.8	10.4	13.6	14.9	16.4	35.3
近　　畿	152.4	23.5	4.0	5.0	6.6	7.8	8.3	11.5	14.0	17.0	18.8	36.0
中　　国	130.8	17.7	3.5	4.2	5.4	6.4	6.0	8.1	11.9	15.3	17.7	34.6
四　　国	88.2	10.9	2.3	2.7	3.3	4.4	3.8	5.9	8.5	10.3	12.1	24.1
九　　州	228.1	34.2	6.2	8.1	9.1	10.7	12.5	16.6	22.3	24.8	26.2	57.5
沖　　縄	10.0	1.4	0.2	0.4	0.4	0.4	0.5	0.7	1.3	1.4	1.1	2.4

(14)　年齢別農業従事者数（全国農業地域別）

単位：千人

全国農業地域	男女計											
	計	29歳以下	30～34	35～39	40～44	45～49	50～54	55～59	60～64	65～69	70～74	75歳以上
全　国	**2,294.1**	**101.7**	**62.2**	**84.5**	**103.6**	**124.4**	**134.1**	**189.3**	**273.1**	**324.0**	**375.2**	**521.9**
北海道	75.9	3.6	3.6	4.9	5.5	5.6	5.9	7.4	8.8	9.4	9.6	11.6
都府県	2,218.2	98.2	58.7	79.5	98.1	118.9	128.2	181.8	264.3	314.5	365.6	510.3
東　北	441.1	20.8	13.2	18.1	22.4	23.7	25.3	37.7	55.9	65.1	69.5	89.4
北　陸	165.6	9.8	5.0	7.3	8.3	9.4	9.8	13.3	19.5	23.2	26.2	33.9
関東・東山	515.0	21.4	13.9	18.3	22.7	28.7	31.5	39.9	58.7	71.4	83.8	124.8
東　海	200.9	8.0	4.9	6.7	8.8	11.0	11.4	17.0	23.5	27.2	32.5	50.1
近　畿	218.6	11.2	5.5	7.1	8.9	12.2	12.9	18.6	25.5	30.8	37.4	48.5
中　国	191.3	7.9	3.9	5.4	7.1	9.7	9.5	13.3	21.7	28.4	35.7	48.6
四　国	134.4	5.1	3.2	4.1	5.2	6.5	6.7	10.4	15.2	18.3	24.7	34.9
九　州	335.5	13.6	8.9	12.0	13.9	16.9	20.3	30.0	41.8	47.6	53.5	77.0
沖　縄	15.8	0.4	0.3	0.5	0.6	0.8	0.9	1.7	2.5	2.6	2.4	3.2

全国農業地域	男											
	小計	29歳以下	30～34	35～39	40～44	45～49	50～54	55～59	60～64	65～69	70～74	75歳以上
全　国	**1,285.8**	**67.4**	**42.7**	**55.9**	**65.9**	**75.5**	**75.8**	**101.1**	**143.6**	**169.0**	**210.4**	**278.4**
北海道	42.1	2.4	2.3	3.0	3.2	3.1	3.1	3.9	4.7	4.8	5.5	6.2
都府県	1,243.7	65.1	40.5	52.9	62.7	72.5	72.7	97.2	138.8	164.2	204.9	272.2
東　北	247.9	13.5	8.9	12.2	14.4	14.3	14.5	20.0	28.9	33.9	40.3	47.0
北　陸	95.2	6.2	3.7	5.4	5.4	5.9	5.7	7.3	10.8	11.8	15.3	17.8
関東・東山	287.3	13.7	9.5	12.3	14.2	17.1	17.8	21.4	30.6	37.4	46.6	66.8
東　海	110.5	5.1	3.3	4.5	5.4	6.8	6.4	8.8	12.0	13.8	17.8	26.6
近　畿	122.7	7.3	3.9	4.5	5.9	7.3	7.1	9.8	13.6	16.2	20.6	26.7
中　国	107.2	5.8	2.9	3.3	4.6	6.2	5.5	7.1	11.2	14.7	19.7	26.1
四　国	73.7	3.8	2.3	2.6	3.3	3.9	4.3	5.4	7.5	9.3	13.1	18.0
九　州	188.7	9.3	6.0	7.7	8.8	10.3	10.9	16.3	22.6	25.6	29.9	41.3
沖　縄	10.5	0.3	0.3	0.3	0.4	0.6	0.6	1.2	1.6	1.6	1.6	2.1

全国農業地域	女											
	小計	29歳以下	30～34	35～39	40～44	45～49	50～54	55～59	60～64	65～69	70～74	75歳以上
全　国	**1,008.3**	**34.3**	**19.5**	**28.6**	**37.7**	**48.9**	**58.3**	**88.2**	**129.5**	**155.0**	**164.8**	**243.5**
北海道	33.8	1.2	1.3	1.9	2.3	2.5	2.8	3.5	4.1	4.6	4.1	5.4
都府県	974.5	33.1	18.2	26.6	35.4	46.4	55.5	84.6	125.5	150.3	160.7	238.1
東　北	193.2	7.3	4.3	5.9	8.0	9.4	10.8	17.7	27.0	31.2	29.2	42.4
北　陸	70.4	3.6	1.3	1.9	2.9	3.5	4.1	6.0	8.7	11.4	10.9	16.1
関東・東山	227.7	7.7	4.4	6.0	8.5	11.6	13.7	18.5	28.1	34.0	37.2	58.0
東　海	90.4	2.9	1.6	2.2	3.4	4.2	5.0	8.2	11.5	13.4	14.7	23.5
近　畿	95.9	3.9	1.6	2.6	3.0	4.9	5.8	8.8	11.9	14.6	16.8	21.8
中　国	84.1	2.1	1.0	2.1	2.5	3.5	4.0	6.2	10.5	13.7	16.0	22.5
四　国	60.7	1.3	0.9	1.5	1.9	2.6	2.4	5.0	7.7	9.0	11.6	16.9
九　州	146.8	4.3	2.9	4.3	5.1	6.6	9.4	13.7	19.2	22.0	23.6	35.7
沖　縄	5.3	0.1	0.0	0.2	0.2	0.2	0.3	0.5	0.9	1.0	0.8	1.1

(15)　年齢別基幹的農業従事者数（全国農業地域別）

単位：千人

全国農業地域	男女計											
	計	29歳以下	30～34	35～39	40～44	45～49	50～54	55～59	60～64	65～69	70～74	75歳以上
全国	**1,302.1**	**15.4**	**19.5**	**30.9**	**38.7**	**43.1**	**49.9**	**71.0**	**128.3**	**205.1**	**290.0**	**410.3**
北海道	72.1	3.2	3.3	4.5	5.3	5.4	5.7	7.5	8.8	9.3	9.5	9.9
都府県	1,230.0	12.2	16.2	26.3	33.4	37.7	44.2	63.5	119.5	195.8	280.5	400.4
東北	232.1	2.3	2.8	5.0	6.1	6.2	7.6	11.5	25.4	42.6	55.6	66.9
北陸	71.0	0.3	0.6	0.9	1.2	1.7	1.7	2.4	6.1	11.9	19.3	24.9
関東・東山	309.9	3.8	4.4	7.0	9.5	10.7	12.2	16.6	29.2	47.2	66.9	102.4
東海	108.4	1.0	1.5	2.3	2.8	3.6	4.2	5.9	10.2	16.1	23.2	37.6
近畿	105.4	0.6	1.0	1.8	2.3	3.0	3.4	4.6	9.0	17.0	26.4	36.4
中国	90.4	0.3	0.6	1.2	1.4	1.6	1.6	2.3	6.6	14.4	23.6	36.8
四国	79.6	0.6	1.1	1.7	2.1	2.5	2.9	4.3	7.1	11.2	19.4	26.6
九州	221.2	3.1	4.0	6.1	7.6	8.0	10.1	14.8	24.2	33.3	43.8	66.0
沖縄	12.1	0.1	0.2	0.3	0.4	0.4	0.6	1.1	1.7	2.0	2.2	3.0

全国農業地域	男											
	小計	29歳以下	30～34	35～39	40～44	45～49	50～54	55～59	60～64	65～69	70～74	75歳以上
全国	**789.9**	**12.7**	**14.7**	**22.0**	**26.3**	**27.9**	**29.8**	**39.5**	**70.4**	**119.0**	**178.9**	**248.5**
北海道	41.4	2.4	2.3	3.0	3.3	3.1	3.0	3.9	4.7	4.8	5.5	5.6
都府県	748.5	10.3	12.5	19.0	23.0	24.8	26.8	35.6	65.7	114.2	173.4	242.9
東北	139.6	2.0	2.2	3.7	4.3	4.2	4.5	6.3	13.6	24.0	34.5	40.2
北陸	46.8	0.3	0.4	0.7	0.9	1.3	1.4	1.6	4.0	7.6	13.0	15.7
関東・東山	186.5	3.2	3.4	5.3	6.6	6.9	7.4	9.6	15.4	27.2	40.1	61.1
東海	63.5	0.7	1.1	1.6	1.8	2.3	2.4	3.0	5.4	9.1	13.7	22.2
近畿	67.3	0.5	0.9	1.3	1.5	1.9	2.1	2.4	5.0	10.6	17.4	23.6
中国	55.9	0.3	0.5	0.8	1.2	1.2	1.0	1.2	3.6	8.4	15.3	22.3
四国	48.5	0.5	0.8	1.3	1.4	1.7	1.8	2.3	3.9	6.6	11.7	16.2
九州	131.9	2.7	3.0	4.0	5.0	5.0	5.7	8.4	13.6	19.3	26.1	39.4
沖縄	8.6	0.1	0.2	0.2	0.3	0.4	0.4	0.8	1.2	1.4	1.5	2.2

全国農業地域	女											
	小計	29歳以下	30～34	35～39	40～44	45～49	50～54	55～59	60～64	65～69	70～74	75歳以上
全国	**512.3**	**2.6**	**4.8**	**8.9**	**12.3**	**15.2**	**20.1**	**31.4**	**57.9**	**86.1**	**111.1**	**161.8**
北海道	30.7	0.8	1.0	1.6	2.0	2.3	2.7	3.5	4.2	4.5	4.0	4.3
都府県	481.5	1.9	3.7	7.3	10.4	12.9	17.4	27.9	53.7	81.6	107.1	157.5
東北	92.5	0.4	0.6	1.3	1.8	2.0	3.0	5.2	11.8	18.6	21.1	26.8
北陸	24.2	0.1	0.2	0.2	0.3	0.4	0.3	0.8	2.1	4.3	6.3	9.2
関東・東山	123.4	0.6	1.0	1.7	2.9	3.8	4.8	7.0	13.8	20.0	26.8	41.3
東海	44.9	0.3	0.3	0.7	1.0	1.4	1.8	2.9	4.8	7.0	9.5	15.4
近畿	38.1	0.1	0.1	0.4	0.7	1.1	1.3	2.2	4.0	6.4	9.0	12.8
中国	34.6	0.0	0.1	0.4	0.2	0.4	0.6	1.1	3.0	6.0	8.3	14.4
四国	31.1	0.1	0.3	0.4	0.7	0.8	1.1	2.0	3.2	4.6	7.7	10.3
九州	89.2	0.4	1.1	2.1	2.6	3.0	4.4	6.4	10.6	14.0	17.7	26.5
沖縄	3.5	0.0	0.0	0.0	0.1	0.1	0.2	0.3	0.5	0.7	0.7	0.8

3　農業経営体（個人経営体）（続き）

(16)　過去1年間の生活の主な状態別世帯員数（全国農業地域別）

単位：千人

全国農業地域	計	男女計					
		主に仕事				主に学生	主に家事・育児・その他
		小　計	自営農業が主	勤務が主	農業以外の自営業が主		
全国	**2,977.1**	**2,252.9**	**1,302.1**	**850.9**	**99.9**	**139.7**	**584.6**
北海道	92.1	75.0	72.1	2.6	0.3	4.9	12.2
都府県	2,885.0	2,177.9	1,230.0	848.3	99.5	134.7	572.4
東北	576.2	438.6	232.1	188.5	18.0	25.1	112.6
北陸	219.0	162.5	71.0	84.5	7.0	11.5	44.9
関東・東山	673.8	512.9	309.9	179.6	23.3	33.8	127.1
東海	269.4	198.2	108.4	80.1	9.8	13.7	57.5
近畿	284.5	204.3	105.4	86.2	12.7	15.5	64.7
中国	244.8	180.4	90.4	81.1	8.9	10.6	53.8
四国	168.3	127.1	79.6	42.3	5.3	6.2	35.0
九州	427.7	337.4	221.2	102.1	14.1	17.9	72.5
沖縄	21.3	16.4	12.1	3.9	0.5	0.6	4.2

(17)　農業従事者等の平均年齢（全国農業地域別）

単位：歳

全国農業地域	農業従事者			基幹的農業従事者		
	男女計の平均年齢	男の平均年齢	女の平均年齢	男女計の平均年齢	男の平均年齢	女の平均年齢
全国	**62.7**	**61.6**	**64.0**	**67.9**	**67.6**	**68.5**
北海道	58.4	57.6	59.5	58.7	57.8	59.9
都府県	62.8	61.8	64.2	68.5	68.1	69.1
東北	61.8	60.6	63.2	68.0	67.6	68.6
北陸	61.1	59.7	63.0	70.1	69.6	71.1
関東・東山	63.2	62.1	64.4	68.1	67.5	69.0
東海	63.5	62.3	64.8	68.9	68.6	69.5
近畿	62.5	61.4	63.8	69.6	69.6	69.5
中国	64.4	63.4	65.7	71.7	71.3	72.3
四国	64.7	63.5	66.1	68.9	68.5	69.6
九州	62.9	62.1	64.0	66.8	66.3	67.5
沖縄	63.7	63.1	64.7	65.9	65.7	66.4

全国農業地域	自営農業従事日数150日以上の者（農業専従者）			農業生産関連事業に従事した者		
	男女計の平均年齢	男の平均年齢	女の平均年齢	男女計の平均年齢	男の平均年齢	女の平均年齢
全国	**65.9**	**65.4**	**66.7**	**62.3**	**61.8**	**63.1**
北海道	57.7	56.8	59.0	57.6	56.4	59.2
都府県	66.5	66.0	67.3	62.6	62.1	63.3
東北	66.3	65.7	67.3	62.4	61.5	63.7
北陸	67.2	66.5	68.9	61.0	59.8	62.7
関東・東山	66.4	65.8	67.3	62.7	62.2	63.4
東海	67.1	66.5	67.9	62.7	62.2	63.5
近畿	67.1	67.0	67.5	61.3	61.9	60.4
中国	70.0	69.8	70.6	65.4	65.1	65.9
四国	67.3	66.6	68.3	63.5	62.3	65.2
九州	64.7	64.2	65.4	61.6	61.2	62.3
沖縄	64.8	64.4	65.8	57.6	55.9	62.8

3　農業経営体（個人経営体）（続き）
（18）　農産物販売金額規模別
ア　農産物販売金額１位の部門別経営体数

単位：千経営体

農産物販売金額規模	計	稲作	2)畑作	露地野菜	施設野菜	果樹類	酪農	肉用牛	3)その他
計	**916.1**	**506.4**	**48.8**	**100.1**	**59.7**	**124.5**	**11.1**	**26.1**	**39.2**
1) 50 万 円 未 満	273.1	220.2	9.6	13.7	1.1	23.0	0.1	0.6	4.8
50 ～ 100	168.5	114.9	7.9	16.1	3.1	20.0	0.1	2.0	4.5
100 ～ 500	282.7	133.5	15.5	40.7	17.5	51.6	0.6	10.5	12.8
500 ～ 1,000	84.7	20.4	5.6	12.6	15.3	18.8	0.6	4.8	6.7
1,000 ～ 3,000	79.3	15.0	6.8	12.6	18.9	10.3	3.2	5.4	7.1
3,000 ～ 5,000	16.5	2.0	2.3	2.9	2.6	0.7	2.9	1.3	1.8
5,000 ～ 1 億	9.0	0.4	1.2	1.4	1.0	0.1	2.7	1.1	1.2
1 億 円 以 上	2.3	0.0	0.0	0.2	0.2	0.0	1.0	0.6	0.4

注：1)は、販売なしを含む。
2)は、「麦類作」、「雑穀・いも類・豆類」及び「工芸農作物」である。
3)は、「花き・花木」、「その他の作物」、「養豚」、「養鶏」及び「その他の畜産」である。

イ　年齢階層別農業従事者数

農産物販売金額規模		男女計								
		計	29歳以下	30～34	35～39	40～44	45～49	50～54	55～59	60～64
計	(1)	**2,294.1**	**101.7**	**62.2**	**84.5**	**103.6**	**124.4**	**134.1**	**189.3**	**273.1**
1) 50 万 円 未 満	(2)	722.7	29.4	15.2	20.5	25.3	31.4	38.7	58.1	88.9
50 ～ 100	(3)	370.6	14.9	8.8	10.0	11.7	16.6	19.6	32.3	44.2
100 ～ 500	(4)	670.6	29.6	16.4	23.3	29.0	38.1	38.7	51.8	77.7
500 ～ 1,000	(5)	218.9	10.5	7.4	9.6	13.3	13.7	14.1	18.8	26.3
1,000 ～ 3,000	(6)	225.8	12.1	9.7	14.0	16.7	17.3	16.6	20.6	26.4
3,000 ～ 5,000	(7)	50.4	3.1	2.7	3.7	4.6	4.6	3.9	4.5	5.6
5,000 ～ 1 億	(8)	27.6	1.7	1.6	2.8	2.3	2.2	1.9	2.4	3.2
1 億 円 以 上	(9)	7.5	0.6	0.5	0.6	0.8	0.6	0.6	0.8	0.8

注：1)は、販売なしを含む。

ウ　年齢階層別基幹的農業従事者数

農産物販売金額規模		男女計								
		計	29歳以下	30～34	35～39	40～44	45～49	50～54	55～59	60～64
計	(1)	**1,302.1**	**15.4**	**19.5**	**30.9**	**38.7**	**43.1**	**49.9**	**71.0**	**128.3**
1) 50 万 円 未 満	(2)	257.2	0.5	0.4	1.4	1.1	1.5	2.7	4.3	13.5
50 ～ 100	(3)	169.3	0.2	0.6	0.8	1.0	1.5	1.9	4.0	12.1
100 ～ 500	(4)	412.0	2.5	3.3	5.3	7.6	9.5	12.5	19.1	43.0
500 ～ 1,000	(5)	178.0	3.0	3.6	5.7	7.5	7.9	10.6	15.5	23.7
1,000 ～ 3,000	(6)	204.6	5.6	7.2	10.9	14.0	15.2	15.8	20.5	26.4
3,000 ～ 5,000	(7)	47.4	2.0	2.5	3.4	4.4	4.6	3.9	4.5	5.6
5,000 ～ 1 億	(8)	26.3	1.3	1.4	2.7	2.3	2.2	1.9	2.4	3.2
1 億 円 以 上	(9)	7.3	0.4	0.5	0.6	0.8	0.6	0.6	0.8	0.8

注：1)は、販売なしを含む。

単位:千人

65～69	70～74	75歳以上	
324.0	**375.2**	**521.9**	(1)
109.2	124.8	181.3	(2)
54.6	62.3	95.7	(3)
91.1	112.9	162.2	(4)
30.1	36.2	38.9	(5)
29.0	30.1	33.4	(6)
5.9	5.4	6.4	(7)
3.3	2.8	3.3	(8)
0.8	0.7	0.8	(9)

単位:千人

65～69	70～74	75歳以上	
205.1	**290.0**	**410.3**	(1)
41.9	69.0	120.7	(2)
27.1	44.5	75.6	(3)
68.2	101.2	139.9	(4)
28.8	36.1	35.4	(5)
29.0	30.1	30.0	(6)
5.9	5.4	5.2	(7)
3.3	2.8	2.8	(8)
0.8	0.7	0.6	(9)

3 農業経営体（個人経営体）（続き）

(19) 農業経営組織別年齢別基幹的農業従事者数

農業経営組織		男女計							
		計	29歳以下	30～34	35～39	40～44	45～49	50～54	55～59	60～64
計	(1)	**1,302.1**	**15.4**	**19.5**	**30.9**	**38.7**	**43.1**	**49.9**	**71.0**	**128.3**
単一経営	(2)	947.0	10.7	13.4	21.6	26.7	30.9	35.1	51.1	92.9
稲作	(3)	403.3	1.6	2.5	3.4	4.5	5.6	7.5	11.2	31.2
1) 畑作	(4)	44.0	0.6	0.6	0.9	1.5	1.6	1.9	3.1	5.7
露地野菜	(5)	119.2	2.2	2.0	3.9	4.5	5.3	6.2	8.1	11.8
施設野菜	(6)	93.5	2.0	2.9	4.4	4.8	6.1	6.0	8.1	11.4
果樹類	(7)	171.2	1.4	2.3	4.0	5.1	6.0	7.0	10.5	18.1
酪農	(8)	25.3	1.1	1.2	2.0	2.1	2.0	1.9	2.7	3.5
肉用牛	(9)	34.8	1.0	0.8	1.1	1.3	1.5	1.7	2.7	3.9
2) その他	(10)	55.8	0.8	1.2	1.8	3.0	2.9	2.8	4.6	7.2
複合経営	(11)	307.3	4.6	6.0	8.9	11.7	12.0	14.4	19.1	33.1
販売なし	(12)	47.9	0.1	0.1	0.4	0.3	0.1	0.4	0.7	2.3

注：1)は、「麦類作」、「雑穀・いも類・豆類」及び「工芸農作物」である。
2)は、「花き・花木」、「その他の作物」、「養豚」、「養鶏」及び「その他の畜産」である。

(20) 主副業別

ア 年齢階層別基幹的農業従事者数

主副業		男女計							
		計	29歳以下	30～34	35～39	40～44	45～49	50～54	55～59	60～64
計	(1)	**1,302.1**	**15.4**	**19.5**	**30.9**	**38.7**	**43.1**	**49.9**	**71.0**	**128.3**
主業経営体	(2)	517.7	13.7	16.8	26.9	34.5	37.7	41.9	58.2	95.9
準主業経営体	(3)	123.3	1.6	2.5	3.4	3.7	5.0	7.2	11.1	27.9
副業的経営体	(4)	661.2	0.1	0.2	0.6	0.5	0.4	0.9	1.6	4.4

イ 農業従事者等の平均年齢

主副業		農業従事者			基幹的農業従事者			自営農業従事日数が150日以上の者（農業専従者）		
		男女計の平均年齢	男の平均年齢	女の平均年齢	男女計の平均年齢	男の平均年齢	女の平均年齢	男女計の平均年齢	男の平均年齢	女の平均年齢
計	(1)	**62.7**	**61.6**	**64.0**	**67.9**	**67.6**	**68.5**	**65.9**	**65.4**	**66.7**
主業経営体	(2)	58.1	56.5	60.0	59.7	58.1	61.9	58.8	57.5	60.9
準主業経営体	(3)	57.2	54.9	59.9	65.5	63.1	68.5	63.0	61.0	66.3
副業的経営体	(4)	66.0	65.4	66.9	74.2	74.6	73.6	73.9	74.3	73.2

単位：千人

65～69	70～74	75歳以上	
205.1	**290.0**	**410.3**	(1)
149.9	212.8	302.0	(2)
70.2	110.2	155.3	(3)
7.1	8.4	12.5	(4)
15.4	22.7	37.1	(5)
13.9	16.2	17.6	(6)
25.2	35.9	55.7	(7)
3.8	2.7	2.3	(8)
5.2	6.2	9.4	(9)
9.1	10.3	12.0	(10)
47.4	65.8	84.2	(11)
7.8	11.5	24.2	(12)

単位：千人

65～69	70～74	75歳以上	
205.1	**290.0**	**410.3**	(1)
59.6	49.7	82.8	(2)
10.8	10.0	40.1	(3)
134.7	230.3	287.4	(4)

単位：歳

農業生産関連事業に従事した者			
男女計の平均年齢	男の平均年齢	女の平均年齢	
62.3	**61.8**	**63.1**	(1)
56.9	55.6	58.5	(2)
58.9	57.6	60.7	(3)
67.6	67.7	67.4	(4)

第２部　　新規就農者調査

第１　令和２年新規就農者調査

利　用　者　の　た　め　に

1　調査の目的

新規就農者調査（以下「調査」という。）は、食料・農業・農村基本計画（令和２年３月 31 日閣議決定）に基づき、力強く持続可能な農業構造の実現に向けた担い手の育成・確保を推進するため、新規就農者数（雇用による新規就農者及び新規参入者数を含む。）を把握し、新たな人材を育成・確保する諸施策の企画・立案、検証等に必要な資料を整備することを目的とする。

2　調査の根拠

調査は、統計法（平成 19 年法律第 53 号）第 19 条第１項に基づく総務大臣の承認を受けて実施した一般統計調査である。

3　調査の機構

調査は、農林水産省大臣官房統計部及び地方組織（地方農政局、北海道農政事務所、内閣府沖縄総合事務局及び内閣府沖縄総合事務局の農林水産センター）を通じて実施した。

4　調査の体系

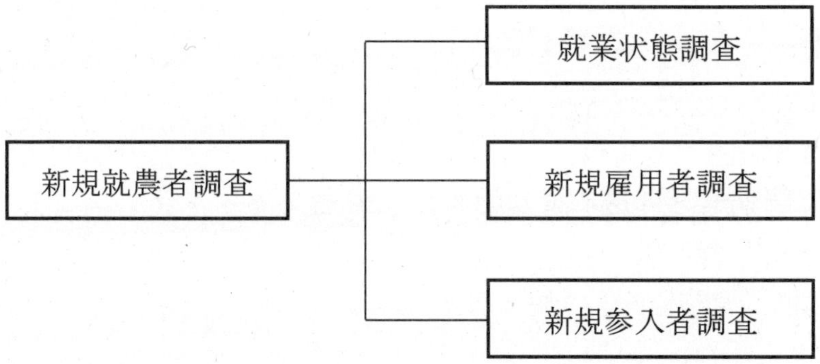

5　調査の対象

新規就農者調査は、就業状態調査、新規雇用者調査及び新規参入者調査からなり、それぞれの調査の対象は次のとおりである。

(1)　就業状態調査

ア　2020 年農林業センサスで把握した農業経営体（12　用語の解説「農業経営体」参照）のうち、農業構造動態調査（個人経営体調査）（令和３年２月１日現在）で抽出した経営体。

イ　2020 年農林業センサスで把握した農業経営体のうち、アを除く個人経営体を対象とし、2020 年農林業センサス結果の母集団名簿を用いて、主副業別（主業については、さらに農業経営組織別）の階層に基づく層化抽出法により抽出した経営体。

(2)　新規雇用者調査

2020 年農林業センサスで把握した農業経営体のうち、団体経営体（(1)の個人経営体以外）を対象とし、2020 年農林業センサス結果の母集団名簿を用いて、農産物の販売金額規模階層に基づく層化抽出法により抽出した経営体を調査した。

(3)　新規参入者調査

全ての農業委員会等（農業委員会が設置されていない市区町村にあっては、当該市区町村。）を調査した。

6　調査期日

令和３年２月１日現在

7　調査事項

(1)　就業状態調査

農業経営の状況、農業従事者の年齢及び性別、調査期日前１年間及びさらに遡った１年間の生活の主な状態等

(2)　新規雇用者調査

新規雇用者の有無、新規雇用者の年齢及び性別、農家出身･非農家出身の別、雇用される直前の就業状態等

(3)　新規参入者調査

新規参入者の有無、新規参入者の年齢及び性別、経営の責任者・共同経営者別、主な部門等

8　調査方法

(1)　就業状態調査及び新規雇用者調査

調査は、調査対象に対して調査票を郵送により配布し、郵送又はオンラインにより調査票を回収する自計調査として実施した。

(2)　新規参入者調査

調査は、調査対象に対して調査票を電子メール又は郵送により配布し、オンライン、電子メール又は郵送により調査票を回収する自計調査として実施した。

9　調査対象数及び回答率

区　分	調査対象数	集計対象回答数	有効回答率
就業状態調査	69,201 経営体	57,672 経営体	83.3%
うち新規就農者調査	40,493 経営体	30,782 経営体	76.0%
うち農業構造動態調査	28,708 経営体	26,890 経営体	93.7%
新規雇用者調査	4,872 経営体	3,265 経営体	67.0%
新規参入者調査	1,750 委員会等	1,750 委員会等	100.0%

10　集計方法

集計は、農林水産省大臣官房統計部において行った。

(1)　新規自営農業就農者

集計対象事項（X）の推定値を次に示す推定式により算出した。

［推定式］

$$X = X_1 + X_2$$

$$X_h = \sum_{i=1}^{L} \frac{N_i}{n_i} \sum_{k=1}^{n_i} x_{ik} \qquad (h = 1、2)$$

X_1 ： 就業状態調査と2020年農林業センサスによる新規就農者数の推定値

X_2 ： 農業構造動態調査と2020年農林業センサスによる新規就農者数の推定値

L ：階層の数（就業状態調査は主副業別（主業については、さらに農業経営組織別）の12階層、農業構造動態調査は主副業別及び農業経営組織別の33階層）

Ni ： 第 i 階層の母集団の大きさ（経営体数）

n_i ： 第 i 階層の集計経営体数

x_{ik} ： 第 i 階層における k 番目の集計経営体に係る x の調査値

(2)　新規雇用就農者

集計対象事項（T）の推定値を次に示す推定式により算出した。

［推定式］

$$T = \sum_{i=1}^{L} \frac{N_i}{n_i} \sum_{j=1}^{n_i} x_{ij}$$

N_i ： 第 i 階層の母集団の大きさ（経営体数）

n_i ： 第 i 階層の集計経営体数

L ： 階層の数（農産物の販売金額規模階層等別）

x_{ij} ： 第 i 階層の j 番目の集計経営体に係る x の調査値

(3)　新規参入者

調査結果の単純積み上げにより算出した。

11　実績精度

新規自営農業就農者数（４万100人）及び新規雇用就農者数（１万50人）についての実績精度を標準誤差率（％）（標準誤差の推定値÷推定値×100）により示すと、次表のとおりである。

区　分	標準誤差率
新規自営農業就農者数	3.0％
新規雇用就農者数	4.8％

12　用語の解説

新規就農者	新規自営農業就農者、新規雇用就農者及び新規参入者の３者をいう。

新規自営農業就農者	個人経営体の世帯員で、調査期日前1年間の生活の主な状態が、「学生」から「自営農業への従事が主」になった者及び「他に雇われて勤務が主」から「自営農業への従事が主」になった者をいう。
新たに親の農業経営を継承	親の農業経営を継承して経営の責任者になった者（共同で農業経営を継承した者を含む。）をいう。
親の農業経営とは別作物等を新たに開始	新たに親とは別の作物（品目）で農業経営を開始（農業生産関連事業（「農作物の加工」、「観光農園」、「農家民宿」等の農業生産に関連した事業を含む。））し、その経営の責任者になった者をいう。
新規雇用就農者	調査期日前1年間に新たに法人等に常雇い（年間7か月以上）として雇用されることにより、農業に従事することとなった者（外国人技能実習生及び特定技能で受け入れた外国人並びに雇用される直前の就業状態が農業従事者であった場合を除く。）をいう。
就業上の地位	「役員」とは、農業経営の責任を負っている者、又は業務執行、会計監査等の権限を有する者をいい、「構成員」とは、任意組織等の法人格を有さない組織で経営に関与している者をいう。「その他」とは、「役員」及び「構成員」以外をいう。
新規参入者	土地や資金を独自に調達（相続・贈与等により親の農地を譲り受けた場合を除く。）し、調査期日前1年間に新たに農業経営を開始した経営の責任者及び共同経営者をいう。 なお、共同経営者とは、夫婦がそろって就農、あるいは複数の新規就農者が法人を新設して共同経営を行っている場合における、経営の責任者の配偶者又はその他の共同経営者をいう。
部門	新規参入の時に主体として取り組むこととしている部門をいう。
新規学卒就農者	新規就農者のうち、自営農業就農者で「学生」から「自営農業への従事が主」になった者及び雇用就農者で雇用される直前に学生であった者をいう。
農業経営体	農産物の生産を行うか又は委託を受けて農作業を行い、生産又は作業に係る面積・頭羽数が、次の規定のいずれかに該当する事業を行う者をいう。 ア　経営耕地面積が30 a以上の規模の農業 イ　農作物の作付面積又は栽培面積、家畜の飼養頭羽数又は出荷羽数、その他の事業の規模が次の基準以上の農業 ①　露地野菜作付面積　15 a ②　施設野菜栽培面積　350 ㎡ ③　果樹栽培面積　10 a

	④　露地花き栽培面積　10 a ⑤　施設花き栽培面積　250 ㎡ ⑥　搾乳牛飼養頭数　1 頭 ⑦　肥育牛飼養頭数　1 頭 ⑧　豚飼養頭数　15 頭 ⑨　採卵鶏飼養羽数　150 羽 ⑩　ブロイラー年間出荷羽数　1,000 羽 ⑪　その他　調査期日前1年間における農業生産物の総販売額 50 万円に相当する事業の規模 ウ　農作業の受託の事業
個人経営体	個人（世帯）で事業を行う経営体をいう。なお、法人化して事業を行う経営体は含まない。
団体経営体	個人経営体以外の経営体をいう。

13　東日本大震災の影響

（1）　平成 23 年～26 年調査

調査不能となった福島県の一部地域を除いて、集計を行った。

（2）　平成 27 年～令和２年調査

就業状態調査及び新規雇用者調査は、本調査の母集団としている農林業センサスにおいて、福島県の一部地域の調査を実施できなかったため、本調査の結果には当該地域は含まれていない。

14　利用上の注意

（1）　統計の表示について

ア　統計表の数値については、集計値の原数を下１桁で四捨五入しているため、合計値と内訳の計が一致しない場合がある。

イ　表中に使用した記号は、次のとおりである。

「０」：上記アの四捨五入によるもの（例：４人→０人）

「－」：事実のないもの

「△」：負数又は減少したもの

（2）　本統計の累年データについては、農林水産省ホームページ「統計情報」の分野別分類「農家数、担い手、農地など」の「新規就農者調査」で御覧いただけます。

【 https://www.maff.go.jp/j/tokei/kouhyou/sinki/index.html#r 】

なお、統計データ等に訂正等があった場合には、同ホームページに正誤表とともに修正後の統計表等を掲載します。

（3）　この報告書に掲載された数値を他に転載する場合は、「令和２年新規就農者調査」（農林水産省）による旨を記載してください。

15　お問合せ先

農林水産省大臣官房統計部 経営･構造統計課センサス統計室 農林漁業担い手統計班

電　話：（代表）０３－３５０２－８１１１（内線３６６６）

　　　　（直通）０３－６７４４－２２４７

ＦＡＸ：　　　　０３－５５１１－７２８２

※　本調査に関する御意見・御要望は、「15　お問合せ先」のほか、農林水産省ホームページでも受け付けております。

【 https://www.contactus.maff.go.jp/j/form/tokei/kikaku/160815.html 】

Ⅰ　令和２年調査結果の概要

本調査において新規就農者とは、次のいずれかに該当する者をいう。

①新規自営農業就農者：	個人経営体の世帯員で、調査期日前１年間の生活の主な状態が、「学生」から「自営農業への従事が主」になった者及び「他に雇われて勤務が主」から「自営農業への従事が主」になった者
②新規雇用就農者：	調査期日前１年間に新たに法人等に常雇い（年間７か月以上）として雇用されることにより、農業に従事することとなった者 （外国人技能実習生及び特定技能で受け入れた外国人並びに雇用される直前の就業状態が農業従事者であった場合を除く。）
③新規参入者：	土地や資金を独自に調達（相続・贈与等により親の農地を譲り受けた場合を除く。）し、調査期日前１年間に新たに農業経営を開始した経営の責任者及び共同経営者 なお、共同経営者とは、夫婦がそろって就農、あるいは複数の新規就農者が法人を新設して共同経営を行っている場合における、経営の責任者の配偶者又はその他の共同経営者

1　新規就農者数

令和2年の新規就農者は5万3,740人で前年に比べ3.8%減少し、このうち49歳以下は1万8,380人で、0.9%減少した。

就農形態別にみると、新規自営農業就農者は4万100人、新規雇用就農者は1万50人、新規参入者は3,580人となっている。

表1　新規就農者数の推移

単位：人

区分	計		就農形態別					
		49歳以下	新規自営農業就農者	49歳以下	新規雇用就農者	49歳以下	新規参入者	49歳以下
平成23年	58,120	18,600	47,100	10,460	8,920	6,960	2,100	1,180
24	56,480	19,280	44,980	10,540	8,490	6,570	3,010	2,170
25	50,810	17,940	40,370	10,090	7,540	5,800	2,900	2,050
26	57,650	21,860	46,340	13,240	7,650	5,960	3,660	2,650
27	65,030	23,030	51,020	12,530	10,430	7,980	3,570	2,520
28	60,150	22,050	46,040	11,410	10,680	8,170	3,440	2,470
29	55,670	20,760	41,520	10,090	10,520	7,960	3,640	2,710
30	55,810	19,290	42,750	9,870	9,820	7,060	3,240	2,360
令和元	55,870	18,540	42,740	9,180	9,940	7,090	3,200	2,270
2	53,740	18,380	40,100	8,440	10,050	7,360	3,580	2,580

図1　49歳以下の新規就農者数の推移（就農形態別）

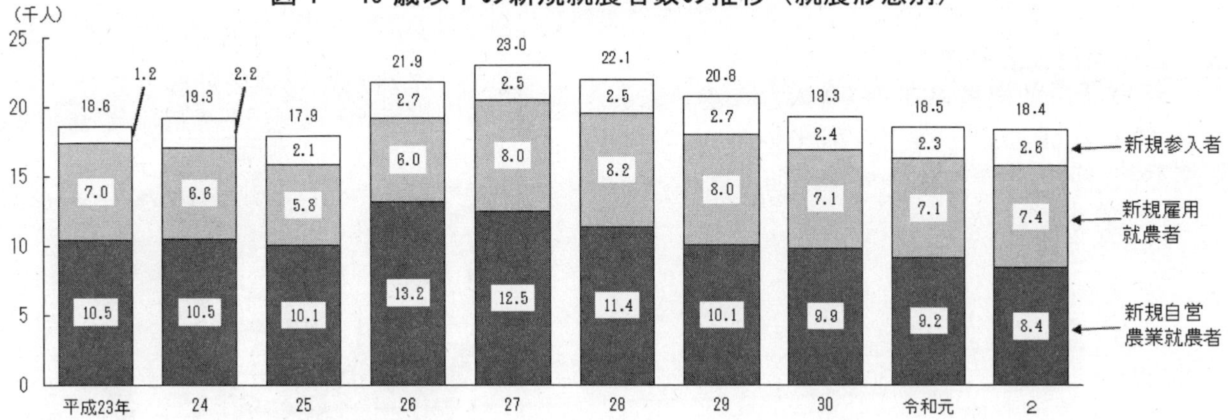

○　新規参入者については、平成26年調査から従来の「経営の責任者」に加え、新たに「共同経営者」を含めたため、利用に当たっては留意されたい。

2　新規自営農業就農者数

新規自営農業就農者は４万100人、このうち 49 歳以下は 8,440 人で、前年に比べそれぞれ 6.2%、8.1%減少した。

図２　年齢別新規自営農業就農者数

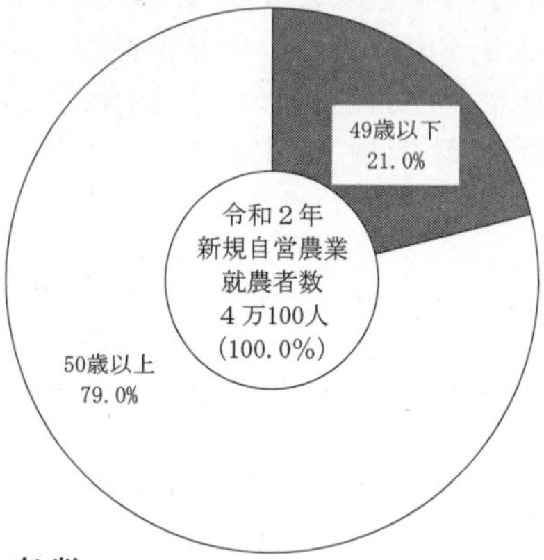

表２　新規自営農業就農者数

単位：人

区分	計		男女別	
		49歳以下	男	女
令和元年	42,740	9,180	32,860	9,870
2	40,100	8,440	29,550	10,550
増減率(%)	△　6.2	△　8.1	△　10.1	6.9
構成比(%)				
令和元年	100.0	21.5	76.9	23.1
2	100.0	21.0	73.7	26.3

3　新規雇用就農者数

新規雇用就農者は１万 50 人、このうち 49 歳以下は 7,360 人で、前年に比べそれぞれ 1.1%、3.8%増加した。

図３　年齢別新規雇用就農者数

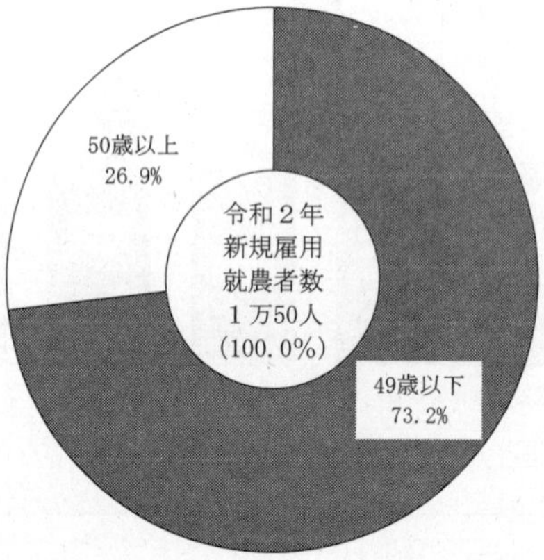

注：四捨五入により計と内訳の合計は一致しない。

表３　新規雇用就農者数

単位：人

区分	計		男女別	
		49歳以下	男	女
令和元年	9,940	7,090	6,570	3,370
2	10,050	7,360	6,300	3,760
増減率(%)	1.1	3.8	△　4.1	11.6
構成比(%)				
令和元年	100.0	71.3	66.1	33.9
2	100.0	73.2	62.7	37.4

４　新規参入者数

新規参入者は3,580人、このうち49歳以下は 2,580 人で、前年に比べそれぞれ11.9%、13.7%増加した。

新規参入した部門別にみると、露地野菜作が 1,110 人と最も多く、次いで施設野菜作が 700 人、果樹作が 660 人となっている。

図４　年齢別新規参入者数

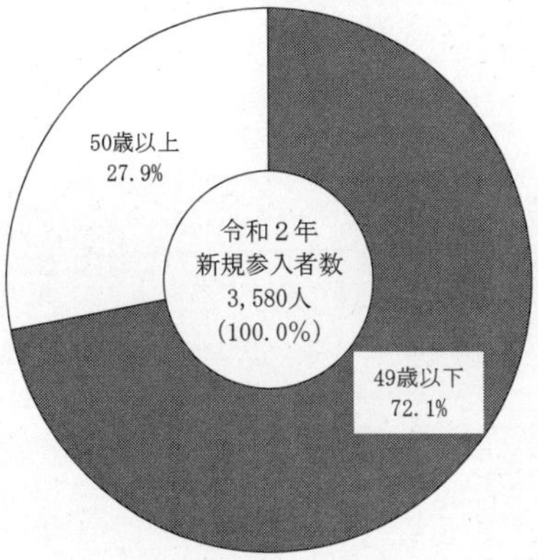

表４　経営の責任者・共同経営者別、男女別新規参入者数

単位：人

区分	計		経営の責任者・共同経営者		男女別	
		49歳以下	経営の責任者	共同経営者	男	女
令和元年	3,200	2,270	2,850	350	2,670	530
2	3,580	2,580	3,170	410	2,950	630
増減率(%)	11.9	13.7	11.2	17.1	10.5	18.9
構成比(%)						
令和元年	100.0	70.9	89.1	10.9	83.4	16.6
2	100.0	72.1	88.5	11.5	82.4	17.6

表５　部門別新規参入者数

単位：人

区分	稲作	畑作	露地野菜作	施設野菜作	果樹作	花き作	その他の作物
令和元年	420	220	960	640	620	100	80
2	490	190	1,110	700	660	120	90
増減率(%)	16.7	△ 13.6	15.6	9.4	6.5	20.0	12.5
構成比(%)							
令和元年	13.1	6.9	30.0	20.0	19.4	3.1	2.5
2	13.7	5.3	31.0	19.6	18.4	3.4	2.5

区分	酪農	肉用牛	養豚	養鶏	その他
令和元年	40	80	10	10	20
2	60	120	10	10	20
増減率(%)	50.0	50.0	0.0	0.0	0.0
構成比(%)					
令和元年	1.3	2.5	0.3	0.3	0.6
2	1.7	3.4	0.3	0.3	0.6

注：1　「畑作」とは、麦類、雑穀、いも類、豆類、工芸農作物をいう。
　　2　「花き作」とは、露地花き、施設花き、花木をいう。
　　3　「肉用牛」とは、繁殖牛、肥育牛をいう。
　　4　「養鶏」とは、ブロイラー、採卵鶏をいう。
　　5　「その他」とは、養蚕、その他の畜産をいう。

Ⅱ　統　計　表

1　就農形態別新規就農者数

区　分		計				新規自営農業就農者			
		平成29年	30	令和元	2	平成29年	30	令和元	2
男女計	(1)	55,670	55,810	55,870	53,740	41,520	42,750	42,740	40,100
49歳以下	(2)	20,760	19,290	18,540	18,380	10,090	9,870	9,180	8,440
15～19歳	(3)	860	1,020	880	990	240	280	150	290
20～29	(4)	6,850	5,340	5,120	5,480	3,060	2,150	1,500	2,190
30～39	(5)	6,840	6,450	5,290	5,810	3,280	3,400	2,590	2,740
40～49	(6)	6,210	6,490	7,260	6,110	3,510	4,040	4,940	3,230
50～59	(7)	8,600	7,390	11,940	7,300	7,100	5,850	10,510	5,620
60～64	(8)	10,800	12,290	8,670	9,030	9,820	11,280	7,550	8,050
65歳以上	(9)	15,520	16,840	16,730	19,030	14,500	15,750	15,500	17,990
男計	(10)	42,450	42,390	42,100	38,800	32,610	33,090	32,860	29,550
49歳以下	(11)	15,280	14,310	13,930	12,950	7,890	7,600	7,240	6,070
15～19歳	(12)	560	710	640	710	180	240	80	250
20～29	(13)	5,110	4,120	3,660	4,160	2,400	1,790	1,170	1,660
30～39	(14)	5,070	4,730	4,130	4,050	2,520	2,530	2,070	1,920
40～49	(15)	4,550	4,740	5,500	4,040	2,790	3,040	3,920	2,240
50～59	(16)	6,150	5,480	8,550	4,730	5,170	4,400	7,530	3,720
60～64	(17)	8,350	9,310	6,390	6,440	7,650	8,620	5,770	5,850
65歳以上	(18)	12,670	13,290	13,240	14,680	11,890	12,470	12,340	13,910
女計	(19)	13,230	13,420	13,770	14,940	8,910	9,660	9,870	10,550
49歳以下	(20)	5,480	4,980	4,620	5,430	2,200	2,270	1,950	2,370
15～19歳	(21)	300	310	240	280	60	50	70	40
20～29	(22)	1,750	1,210	1,460	1,320	660	360	330	540
30～39	(23)	1,770	1,720	1,160	1,760	770	870	530	820
40～49	(24)	1,660	1,740	1,760	2,070	720	1,000	1,020	990
50～59	(25)	2,440	1,910	3,390	2,570	1,930	1,450	2,980	1,890
60～64	(26)	2,450	2,980	2,280	2,600	2,170	2,660	1,780	2,200
65歳以上	(27)	2,850	3,550	3,490	4,350	2,610	3,280	3,170	4,090

単位：人

新規雇用就農者				新規参入者				
平成29年	30	令和元	2	平成29年	30	令和元	2	
10, 520	9, 820	9, 940	**10, 050**	3, 640	3, 240	3, 200	**3, 580**	(1)
7, 960	7, 060	7, 090	**7, 360**	2, 710	2, 360	2, 270	**2, 580**	(2)
600	730	720	**690**	20	10	10	**10**	(3)
3, 240	2, 680	3, 170	**2, 810**	560	510	450	**480**	(4)
2, 340	2, 030	1, 720	**2, 000**	1, 220	1, 020	980	**1, 070**	(5)
1, 780	1, 630	1, 490	**1, 860**	920	820	830	**1, 020**	(6)
1, 150	1, 180	1, 040	**1, 220**	340	360	400	**460**	(7)
740	840	930	**780**	240	180	190	**200**	(8)
670	750	880	**700**	350	340	340	**340**	(9)
6, 870	6, 620	6, 570	**6, 300**	2, 970	2, 680	2, 670	**2, 950**	(10)
5, 170	4, 750	4, 810	**4, 770**	2, 220	1, 960	1, 880	**2, 120**	(11)
350	460	550	**450**	20	10	10	**10**	(12)
2, 240	1, 890	2, 110	**2, 090**	470	440	380	**410**	(13)
1, 560	1, 360	1, 260	**1, 260**	990	850	810	**870**	(14)
1, 020	1, 030	880	**970**	740	670	690	**830**	(15)
710	780	690	**630**	280	290	330	**370**	(16)
500	550	460	**420**	200	140	160	**170**	(17)
490	540	610	**480**	290	280	290	**290**	(18)
3, 650	3, 200	3, 370	**3, 760**	660	560	530	**630**	(19)
2, 790	2, 320	2, 290	**2, 590**	490	400	380	**460**	(20)
240	260	170	**240**	0	0	0	**0**	(21)
1, 000	790	1, 060	**710**	90	70	70	**70**	(22)
780	670	460	**750**	230	180	170	**200**	(23)
760	590	610	**890**	180	150	140	**190**	(24)
450	390	350	**590**	70	70	60	**80**	(25)
240	290	460	**360**	40	30	30	**30**	(26)
180	210	270	**210**	60	60	50	**50**	(27)

2　新規自営農業就農者数

単位：人

区　分	計	新規学卒就農者
男女計	40,100	1,130
49歳以下	8,440	1,130
15～19歳	290	270
20～29	2,190	820
30～39	2,740	50
40～49	3,230	-
50～59	5,620	-
60～64	8,050	-
65歳以上	17,990	-
男計	29,550	920
49歳以下	6,070	920
15～19歳	250	230
20～29	1,660	640
30～39	1,920	50
40～49	2,240	-
50～59	3,720	-
60～64	5,850	-
65歳以上	13,910	-
女計	10,550	210
49歳以下	2,370	210
15～19歳	40	40
20～29	540	180
30～39	820	-
40～49	990	-
50～59	1,890	-
60～64	2,200	-
65歳以上	4,090	-

3　新規雇用就農者数

(1)　出身別新規雇用就農者数

単位：人

区分	計	新規学卒就農者	農家出身	新規学卒就農者	非農家出身	新規学卒就農者
男女計	10,050	1,470	1,260	170	8,790	1,310
49歳以下	7,360	1,470	780	170	6,580	1,310
15～19歳	690	640	40	40	650	610
20～29	2,810	820	300	130	2,510	690
30～39	2,000	10	200	-	1,800	10
40～49	1,860	-	250	-	1,620	-
50～59	1,220	-	190	-	1,040	-
60～64	780	-	120	-	650	-
65歳以上	700	-	170	-	520	-
男計	6,300	1,050	900	160	5,390	890
49歳以下	4,770	1,050	630	160	4,130	890
15～19歳	450	410	30	30	420	380
20～29	2,090	640	280	130	1,820	510
30～39	1,260	-	150	-	1,110	-
40～49	970	-	180	-	790	-
50～59	630	-	90	-	540	-
60～64	420	-	80	-	340	-
65歳以上	480	-	100	-	380	-
女計	3,760	430	360	10	3,400	420
49歳以下	2,590	430	150	10	2,450	420
15～19歳	240	230	10	10	240	230
20～29	710	180	20	10	690	180
30～39	750	10	50	-	700	10
40～49	890	-	70	-	830	-
50～59	590	-	100	-	490	-
60～64	360	-	50	-	320	-
65歳以上	210	-	70	-	140	-

3　新規雇用就農者数（続き）

(2)　雇用先の農産物販売金額規模別新規雇用就農者数

区　分		計	1)500万円未満	500～1,000	1,000～3,000	3,000～5,000
男女計	(1)	10,050	630	630	1,100	1,110
49歳以下	(2)	7,360	450	470	700	670
15～19歳	(3)	690	40	140	50	50
20～29	(4)	2,810	130	140	260	280
30～39	(5)	2,000	110	80	210	200
40～49	(6)	1,860	160	110	180	160
50～59	(7)	1,220	80	80	90	190
60～64	(8)	780	40	40	160	120
65歳以上	(9)	700	60	40	150	130
男計	(10)	6,300	370	460	720	690
49歳以下	(11)	4,770	270	350	470	460
15～19歳	(12)	450	40	100	40	30
20～29	(13)	2,090	90	130	220	230
30～39	(14)	1,260	40	50	130	100
40～49	(15)	970	90	70	80	100
50～59	(16)	630	50	50	50	80
60～64	(17)	420	-	30	100	40
65歳以上	(18)	480	60	40	100	100
女計	(19)	3,760	250	170	380	430
49歳以下	(20)	2,590	180	120	230	220
15～19歳	(21)	240	-	40	10	10
20～29	(22)	710	40	10	40	50
30～39	(23)	750	70	30	80	90
40～49	(24)	890	70	40	100	60
50～59	(25)	590	30	30	40	100
60～64	(26)	360	40	10	60	80
65歳以上	(27)	210	-	-	50	30

注：1)は、「販売なし」を含む。

単位：人

5,000万～1億	1億円以上	
1,780	4,810	(1)
1,340	3,720	(2)
60	350	(3)
450	1,540	(4)
420	990	(5)
410	840	(6)
210	580	(7)
110	300	(8)
120	200	(9)
1,090	2,960	(10)
890	2,340	(11)
50	190	(12)
340	1,080	(13)
310	630	(14)
190	440	(15)
80	320	(16)
60	180	(17)
60	120	(18)
690	1,840	(19)
460	1,380	(20)
10	160	(21)
110	460	(22)
110	370	(23)
220	400	(24)
130	260	(25)
50	120	(26)
60	80	(27)

3　新規雇用就農者数（続き）
(3)　就業上の地位別新規雇用就農者数

単位：人

区　分	新規雇用就農者	就業上の地位別	
		役員・構成員	その他
男女計	10,050	1,210	8,840
49歳以下	7,360	940	6,420
15～19歳	690	50	640
20～29	2,810	380	2,430
30～39	2,000	240	1,760
40～49	1,860	270	1,600
50～59	1,220	140	1,090
60～64	780	70	710
65歳以上	700	80	620
男計	6,300	990	5,300
49歳以下	4,770	750	4,020
15～19歳	450	40	410
20～29	2,090	320	1,780
30～39	1,260	210	1,040
40～49	970	180	790
50～59	630	110	520
60～64	420	50	360
65歳以上	480	80	400
女計	3,760	220	3,540
49歳以下	2,590	190	2,410
15～19歳	240	10	230
20～29	710	60	660
30～39	750	30	720
40～49	890	90	810
50～59	590	20	570
60～64	360	10	350
65歳以上	210	-	210

注：　「役員」とは、農業経営の責任を負っている者、または業務執行、会計監査等の権限を有する者をいい、「構成員」とは、任意組織等の法人格を有さない組織で経営に関与している者をいう。

4　新規参入者数

(1)　経営の責任者・共同経営者別新規参入者数

単位：人

区　分	新規参入者	経営の責任者・共同経営者別	
		経営の責任者	共同経営者
男女計	3,580	3,170	410
49歳以下	2,580	2,250	320
15～19歳	10	10	0
20～29	480	410	70
30～39	1,070	930	140
40～49	1,020	900	110
50～59	460	430	30
60～64	200	180	20
65歳以上	340	300	40
男計	2,950	2,750	200
49歳以下	2,120	1,970	150
15～19歳	10	10	0
20～29	410	370	40
30～39	870	810	70
40～49	830	780	50
50～59	370	360	10
60～64	170	160	10
65歳以上	290	270	30
女計	630	410	220
49歳以下	460	290	170
15～19歳	0	0	-
20～29	70	40	30
30～39	200	120	80
40～49	190	120	70
50～59	80	70	20
60～64	30	20	10
65歳以上	50	40	10

4　新規参入者数（続き）
(2)　部門別新規参入者数

区　分		計	稲作	畑作	露地 野菜作	施設 野菜作	果樹作
男女計	(1)	3,580	490	190	1,110	700	660
49歳以下	(2)	2,580	280	110	780	620	470
15～19歳	(3)	10	0	–	0	0	0
20～29	(4)	480	40	20	130	140	80
30～39	(5)	1,070	100	50	330	290	180
40～49	(6)	1,020	130	50	330	190	210
50～59	(7)	460	90	30	150	60	100
60～64	(8)	200	40	20	60	10	50
65歳以上	(9)	340	80	40	130	10	50
男計	(10)	2,950	430	160	900	570	560
49歳以下	(11)	2,120	250	90	630	500	400
15～19歳	(12)	10	0	–	0	0	0
20～29	(13)	410	40	10	100	120	70
30～39	(14)	870	80	40	270	240	150
40～49	(15)	830	120	40	260	140	180
50～59	(16)	370	70	30	120	50	70
60～64	(17)	170	40	10	50	10	40
65歳以上	(18)	290	70	30	110	10	50
女計	(19)	630	60	30	210	140	110
49歳以下	(20)	460	30	20	150	120	70
15～19歳	(21)	0	–	–	–	–	–
20～29	(22)	70	0	0	30	20	10
30～39	(23)	200	20	10	60	50	30
40～49	(24)	190	10	10	70	50	30
50～59	(25)	80	10	0	30	10	20
60～64	(26)	30	10	0	10	0	10
65歳以上	(27)	50	10	10	20	0	10

注：1　「畑作」とは、麦類、雑穀、いも類、豆類、工芸農作物をいう。
　　2　「花き作」とは、露地花き、施設花き、花木をいう。
　　3　「肉用牛」とは、繁殖牛、肥育牛をいう。
　　4　「養鶏」とは、ブロイラー、採卵鶏をいう。
　　5　「その他」とは、養蚕、その他の畜産をいう。

単位：人

花き作	その他の作物	酪農	肉用牛	養豚	養鶏	その他	
120	90	60	120	10	10	20	(1)
90	50	50	110	10	10	20	(2)
-	-	-	0	-	-	-	(3)
10	10	10	40	0	0	0	(4)
40	20	30	30	0	10	10	(5)
40	20	10	30	-	0	10	(6)
10	20	0	10	-	0	0	(7)
10	10	0	0	-	-	-	(8)
10	10	0	10	-	0	0	(9)
90	70	40	100	10	10	20	(10)
70	40	40	90	10	10	10	(11)
-	-	-	0	-	-	-	(12)
10	10	10	40	0	0	0	(13)
30	10	20	30	0	0	0	(14)
30	20	10	30	-	0	10	(15)
10	20	0	10	-	0	0	(16)
0	10	-	0	-	-	-	(17)
10	10	0	0	-	0	0	(18)
30	20	20	20	-	0	0	(19)
20	10	10	20	-	0	0	(20)
-	-	-	0	-	-	-	(21)
0	0	0	10	-	-	-	(22)
10	0	10	10	-	0	0	(23)
10	10	0	0	-	-	-	(24)
0	0	-	0	-	-	-	(25)
0	0	0	-	-	-	-	(26)
-	0	-	0	-	-	0	(27)

5　新たに自営農業が主となった世帯員の就農以前の就業状態別人数

区　分		新たに自営農業が主となった世帯員				
		計	就農以前の就業状態別			
			他に勤務 ①	学生 ②	農業以外の自営業 ③	家事・育児・その他 ④
男女計	(1)	69,740	38,970	1,130	7,240	22,390
49歳以下	(2)	12,600	7,310	1,130	890	3,270
15～19歳	(3)	290	20	270	-	-
20～29	(4)	2,520	1,370	820	50	280
30～39	(5)	4,690	2,690	50	270	1,690
40～49	(6)	5,100	3,230	-	570	1,300
50～59	(7)	7,880	5,620	-	490	1,780
60～64	(8)	10,460	8,050	-	630	1,780
65歳以上	(9)	38,800	17,990	-	5,250	15,560
男計	(10)	41,460	28,630	920	5,520	6,390
49歳以下	(11)	7,410	5,150	920	680	650
15～19歳	(12)	250	20	230	-	-
20～29	(13)	1,900	1,010	640	40	200
30～39	(14)	2,420	1,870	50	240	260
40～49	(15)	2,840	2,240	-	400	190
50～59	(16)	4,360	3,720	-	400	240
60～64	(17)	6,540	5,850	-	450	240
65歳以上	(18)	23,160	13,910	-	3,990	5,260
女計	(19)	28,270	10,340	210	1,730	16,000
49歳以下	(20)	5,190	2,160	210	200	2,620
15～19歳	(21)	40	-	40	-	-
20～29	(22)	620	360	180	10	80
30～39	(23)	2,270	820	-	30	1,430
40～49	(24)	2,260	990	-	170	1,110
50～59	(25)	3,520	1,890	-	90	1,540
60～64	(26)	3,920	2,200	-	180	1,540
65歳以上	(27)	15,640	4,090	-	1,260	10,300

注：1　「他に勤務①」とは、農業以外に勤務、農業法人等に勤務をいう。
2　「新規自営農業就農者⑤」には、就農以前の就業状態が「農業以外の自営業③」及び「家事・育児・その他④」を含めない。
3　「新たに親の農業経営を継承」とは、親の農業経営を継承して経営の責任者になった者をいう。
4　「親の農業経営とは別作物等を新たに開始」とは、新たに親とは別の作物（品目）で農業経営（農業生産関連事業（「農作物の加工」、「観光農園」、「農家民宿」等の農業生産に関連した事業を含む。））を新たに開始し、その経営の責任者になった者をいう。

単位：人

新規自営農業就農者				
⑤＝①＋②	新たに親の農業経営を継承かつ親の農業経営とは別作物等を新たに開始	新たに親の農業経営を継承	親の農業経営とは別作物等を新たに開始	
40,100	100	7,270	780	(1)
8,440	10	2,110	570	(2)
290	−	20	−	(3)
2,190	10	430	150	(4)
2,740	−	670	200	(5)
3,230	−	990	220	(6)
5,620	20	1,820	120	(7)
8,050	40	1,920	60	(8)
17,990	30	1,410	40	(9)
29,550	100	6,150	530	(10)
6,070	10	1,760	390	(11)
250	−	20	−	(12)
1,660	10	360	120	(13)
1,920	−	600	110	(14)
2,240	−	770	160	(15)
3,720	20	1,410	70	(16)
5,850	40	1,690	40	(17)
13,910	30	1,300	40	(18)
10,550	−	1,120	250	(19)
2,370	−	350	170	(20)
40	−	−	−	(21)
540	−	60	30	(22)
820	−	70	90	(23)
990	−	220	60	(24)
1,890	−	410	60	(25)
2,200	−	240	20	(26)
4,090	−	110	−	(27)

6　新たに雇用された者の就業状態別雇用者数

区　分		新規雇用者					
		計	農作業に従事した者				
			小計	雇用される直前の主な就業状態			
				自営農業	農業法人等に勤務	農業以外の自営業	農業以外に勤務
		①=②+⑨	②	③	④	⑤	⑥
男女計	(1)	15,650	12,610	640	1,920	280	6,960
49歳以下	(2)	11,300	9,030	250	1,420	230	4,880
15～19歳	(3)	880	720	10	20	-	30
20～29	(4)	4,210	3,400	50	540	80	1,790
30～39	(5)	3,130	2,540	100	440	40	1,610
40～49	(6)	3,090	2,380	90	420	110	1,460
50～59	(7)	1,970	1,590	130	240	30	920
60～64	(8)	1,180	940	90	70	10	600
65歳以上	(9)	1,210	1,060	170	190	10	560
男計	(10)	9,450	8,130	560	1,270	210	4,730
49歳以下	(11)	6,910	5,950	200	980	170	3,400
15～19歳	(12)	530	470	-	20	-	20
20～29	(13)	2,880	2,460	50	320	60	1,340
30～39	(14)	1,890	1,630	60	320	20	1,180
40～49	(15)	1,610	1,380	90	330	90	860
50～59	(16)	1,060	890	130	130	30	540
60～64	(17)	600	530	70	40	10	390
65歳以上	(18)	880	760	160	120	-	410
女計	(19)	6,200	4,480	80	640	70	2,230
49歳以下	(20)	4,390	3,080	50	440	60	1,480
15～19歳	(21)	350	250	10	-	-	10
20～29	(22)	1,330	930	-	220	20	440
30～39	(23)	1,240	910	40	120	30	430
40～49	(24)	1,470	990	10	90	20	600
50～59	(25)	910	700	-	110	-	380
60～64	(26)	570	410	10	30	-	220
65歳以上	(27)	330	300	10	70	10	150

注：1　「農作業以外のみに従事した者⑨」とは、経理事務、出荷・運搬、自家生産農産物の加工、販路の開拓、営農資金調達等に従事した者であり、「新規雇用就農者⑩」に含まれない。

2　「新規雇用就農者⑩」には、当該農業法人等に雇用される直前の主な就業状態が「自営農業③」及び「農業法人等に勤務④」（農業従事者であった者）を含めない。

単位：人

学生 ⑦	家事・育児・その他 ⑧	農作業以外のみに従事した者 ⑨	新規雇用就農者 ⑩＝⑤+⑥+⑦+⑧	
1,470	1,340	3,040	10,050	(1)
1,470	780	2,270	7,360	(2)
640	10	160	690	(3)
820	120	810	2,810	(4)
10	340	590	2,000	(5)
-	300	710	1,860	(6)
-	270	380	1,220	(7)
-	160	240	780	(8)
-	120	160	700	(9)
1,050	310	1,320	6,300	(10)
1,050	150	960	4,770	(11)
410	10	60	450	(12)
640	50	420	2,090	(13)
-	60	260	1,260	(14)
-	20	230	970	(15)
-	70	170	630	(16)
-	20	70	420	(17)
-	70	120	480	(18)
430	1,030	1,720	3,760	(19)
430	630	1,310	2,590	(20)
230	-	100	240	(21)
180	70	390	710	(22)
10	280	330	750	(23)
-	280	480	890	(24)
-	210	210	590	(25)
-	140	170	360	(26)
-	50	40	210	(27)

第２　令和元年新規就農者調査

利　用　者　の　た　め　に

1　調査の目的

新規就農者調査（以下「調査」という。）は、食料・農業・農村基本計画（令和２年３月31日閣議決定）に基づき、力強く持続可能な農業構造の実現に向けた担い手の育成・確保を推進するため、新規就農者数（雇用による新規就農者及び新規参入者数を含む。）を把握し、新たな人材を育成・確保する諸施策の企画・立案、検証等に必要な資料を整備することを目的とする。

2　調査の根拠

調査は、統計法（平成19年法律第53号）第19条第１項に基づく総務大臣の承認を受けて実施した一般統計調査である。

3　調査の機構

調査は、農林水産省大臣官房統計部及び地方組織（地方農政局、北海道農政事務所、内閣府沖縄総合事務局及び内閣府沖縄総合事務局の農林水産センター）を通じて実施した。

4　調査の体系

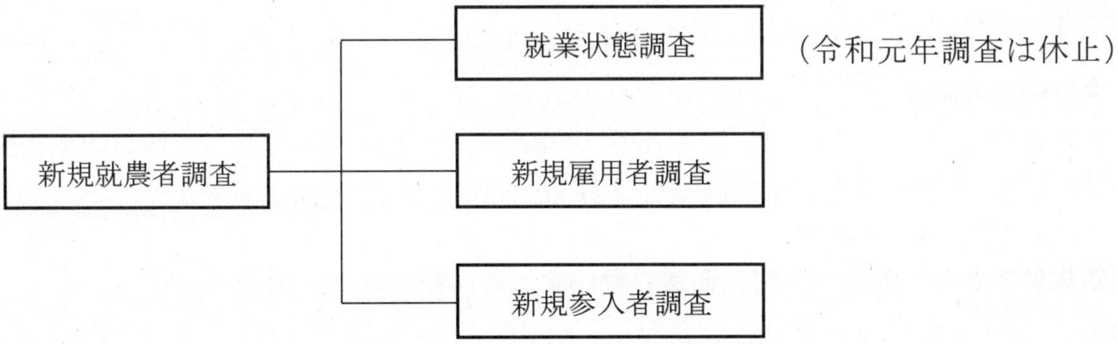

5　調査の対象

新規就農者調査は、就業状態調査、新規雇用者調査及び新規参入者調査からなり、それぞれの調査の対象は次のとおりである。

(1)　就業状態調査

平成28年調査から平成30年調査については、2015年農林業センサスで把握した農業経営体（12　用語の解説「農業経営体」参照）のうち、家族経営体を対象とし、2015年農林業センサス結果の母集団名簿を用いて、主副業別農業経営組織別の階層に基づく層化抽出法により抽出した経営体を調査したものであるが、令和元年調査については、2020年農林業センサス結果等を用いて集計を行うため、就業状態調査を休止した。

なお、休止した就業状態調査で把握していた新規自営農業就農者に関する項目については、2020年農林業センサス（60歳以上については、自営農業への従事日数が150日以上に該当する世帯員）と、平成30年就業状態調査及び平成31年農業構造動態調査（家族経営体調査）の調査結果を用いて集計を行った。

(2)　新規雇用者調査

2015 年農林業センサスで把握した農業経営体のうち、組織経営体（(1)の家族経営体以外）及び家族経営体における一戸一法人並びに 2015 年農林業センサス実施年以降に農業構造動態調査で把握した新設組織経営体を対象とし、2015 年農林業センサス結果及び農業構造動態調査結果の母集団名簿を用いて、農産物の販売金額規模階層等に基づく層化抽出法により抽出した経営体を調査した。

なお、「雇用先の農産物販売金額規模別新規雇用就農者数」については、2020 年農林業センサスと令和元年新規雇用者調査の調査結果を用いて集計を行った。

(3)　新規参入者調査

全ての農業委員会等（農業委員会が設置されていない市区町村にあっては、当該市区町村。）を調査した。

6　調査期日

令和２年２月１日現在

7　調査事項

(1)　就業状態調査

農業従事者の年齢及び性別、調査期日前１年間及びさらに遡った１年間の生活の主な状態等

(2)　新規雇用者調査

新規雇用者の年齢及び性別、農家出身･非農家出身の別、雇用される直前の就業状態等

(3)　新規参入者調査

新規参入者の年齢及び性別、経営の責任者・共同経営者別、部門別等

8　調査方法

調査は、調査対象に対して調査票を郵送により配布し、郵送又はオンラインにより調査票を回収する自計調査として実施した。

9　調査対象数及び回答率

区　分	調査対象数	集計対象回答数	有効回答率
新規雇用者調査	6,097 経営体	4,146 経営体	68.0%
新規参入者調査	1,750 委員会等	1,750 委員会等	100.0%

10　集計方法

集計は、農林水産省大臣官房統計部において行った。

(1)　新規自営農業就農者

令和元年調査は、就業状態調査を休止したことから、2020 年農林業センサスの農林業経営体調査と平成 30 年就業状態調査で調査対象が一致した 23,870 経営体及び 2020 年農林業センサスの農林業経営体調査と平成 31 年農業構造動態調査（家族経営体調査）で調査対象が一致した 24,490 経営体により、新規自営農業就農者に関する集計対象事項（X）の推定値を次に示す推定式により算出した。

［推定式］

$$X = X_1 + X_2$$

$$X_h = \sum_{i=1}^{L} \frac{N_i}{n_i} \sum_{k=1}^{n_i} x_{ik} \qquad (h = 1、2)$$

X_1 ： 2020年農林業センサスと前年の就業状態調査による新規就農者数の推定値

X_2 ： 2020年農林業センサスと前年の農業構造動態調査による新規就農者数の推定値

L ： 階層の数（主副業別、農業経営組織別）

Ni ： 第i階層の母集団の大きさ（経営体数）

n_i ： 第i階層の集計経営体数

x_{ik} ： 第i階層におけるk番目の集計経営体に係るxの調査値

(2)　新規雇用就農者

集計対象事項（T）の推定値を次に示す推定式により算出した。

［推定式］

$$T = \sum_{i=1}^{L} \frac{N_i}{n_i} \sum_{j=1}^{n_i} x_{ij}$$

N_i ： 第i階層の母集団の大きさ（経営体数）

n_i ： 第i階層の集計経営体数

L ： 階層の数（農産物の販売金額規模階層等別）

x_{ij} ： 第i階層のj番目の集計経営体に係るxの調査値

(3)　新規参入者

調査結果の単純積み上げにより算出した。

11　実績精度

新規自営農業就農者数（4万2,740人）及び新規雇用就農者数（9,940人）についての実績精度を標準誤差率（%）（標準誤差の推定値÷推定値×100）により示すと、次表のとおりである。

区　分	標準誤差率
新規自営農業就農者数	3.1%
新規雇用就農者数	5.9%

12　用語の解説

新規就農者	新規自営農業就農者、新規雇用就農者及び新規参入者の3者をいう。

新規自営農業就農者

家族経営体（令和元年調査の推定においては一戸一法人を含まない）の世帯員で、調査期日前１年間の生活の主な状態が、「学生」から「自営農業への従事が主」になった者及び「他に雇われて勤務が主」から「自営農業への従事が主」になった者をいう。

新たに親の経営を継承

親の農業経営を継承して経営の責任者になった者（共同で農業経営を継承した者を含む。）をいう。

親の経営とは別部門を新たに開始

新たに親とは別部門の経営を開始し、その部門の経営の責任者になった者をいう。

新規雇用就農者

調査期日前１年間に新たに法人等に常雇い（年間７か月以上）として雇用されることにより、農業に従事することとなった者（外国人研修生及び外国人技能実習生並びに雇用される直前の就業状態が農業従事者であった場合を除く。）をいう。

就業上の地位

「役員」とは、農業経営の責任を負っている者、又は業務執行、会計監査等の権限を有する者をいい、「構成員」とは、任意組織等の法人格を有さない組織で経営に関与している者をいう。「その他」とは、「役員」及び「構成員」以外をいう。

新規参入者

土地や資金を独自に調達（相続・贈与等により親の農地を譲り受けた場合を除く。）し、調査期日前１年間に新たに農業経営を開始した経営の責任者及び共同経営者をいう。

なお、共同経営者とは、夫婦がそろって就農、あるいは複数の新規就農者が法人を新設して共同経営を行っている場合における、経営の責任者の配偶者又はその他の共同経営者をいう。

部門

新規参入の時に主体として取り組むこととしている部門をいう。

新規学卒就農者

新規就農者のうち、自営農業就農者で「学生」から「自営農業への従事が主」になった者及び雇用就農者で雇用される直前に学生であった者をいう。

農業経営体

農産物の生産を行うか又は委託を受けて農作業を行い、生産又は作業に係る面積・頭羽数が、次の規定のいずれかに該当する事業を行う者をいう。

ア　経営耕地面積が 30 a 以上の規模の農業

イ　農作物の作付面積又は栽培面積、家畜の飼養頭羽数又は出荷羽数、その他の事業の規模が次の基準以上の農業

①	露地野菜作付面積	15 a
②	施設野菜栽培面積	350 ㎡
③	果樹栽培面積	10 a
④	露地花き栽培面積	10 a

⑤　施設花き栽培面積　250 ㎡
⑥　搾乳牛飼養頭数　1 頭
⑦　肥育牛飼養頭数　1 頭
⑧　豚飼養頭数　15 頭
⑨　採卵鶏飼養羽数　150 羽
⑩　ブロイラー年間出荷羽数　1,000 羽
⑪　その他　調査期日前1年間における農業生産物の総販売額 50 万円に相当する事業の規模

ウ　農作業の受託の事業

家族経営体　農業経営体のうち世帯で事業を行う者（一戸一法人を含む。）をいう。

組織経営体　世帯で事業を行わない者（家族経営体でない経営体）をいう。

13　東日本大震災の影響

(1)　平成 22 年調査

新規参入者調査は、調査不能となった岩手県、宮城県及び福島県の全域並びに青森県の一部地域は含まれていない。

(2)　平成 23 年～26 年調査

調査不能となった福島県の一部地域を除いて、集計を行った。

(3)　平成 27 年～令和元年調査

就業状態調査及び新規雇用者調査は、本調査の母集団としている農林業センサスにおいて、福島県の一部地域の調査を実施できなかったため、本調査の結果には当該地域は含まれていない。

14　利用上の注意

(1)　統計の表示について

ア　統計表の数値については、集計値の原数を下１桁で四捨五入しているため、合計値と内訳の計が一致しない場合がある。

イ　表中に使用した記号は、次のとおりである。

「０」：上記アの四捨五入によるもの（例：４人→０人）
「－」：事実のないもの
「△」：負数又は減少したもの
「nc」：計算不能

(2)　本統計の累年データについては、農林水産省ホームページ「統計情報」の分野別分類「農家数、担い手、農地など」の「新規就農者調査」で御覧いただけます。

【 https://www.maff.go.jp/j/tokei/kouhyou/sinki/index.html#r 】

なお、統計データ等に訂正等があった場合には、同ホームページに正誤表とともに修

正後の統計表等を掲載します。

(3)　この報告書に掲載された数値を他に転載する場合は、「令和元年新規就農者調査」（農林水産省）による旨を記載してください。

15　お問合せ先

農林水産省大臣官房統計部 経営･構造統計課センサス統計室 農林漁業担い手統計班

電　話：（代表）０３－３５０２－８１１１（内線３６６６）

　　　　（直通）０３－６７４４－２２４７

ＦＡＸ：　　　　０３－５５１１－７２８２

※　本調査に関する御意見・御要望は、「15　お問合せ先」のほか、農林水産省ホームページでも受け付けております。

【 https://www.contactus.maff.go.jp/j/form/tokei/kikaku/160815.html 】

Ⅰ　令和元年調査結果の概要

本調査において新規就農者とは、次のいずれかに該当する者をいう。

①新規自営農業就農者：	家族経営体（令和元年調査の推定においては一戸一法人を含まない。）の世帯員で、調査期日前１年間の生活の主な状態が、「学生」から「自営農業への従事が主」になった者及び「他に雇われて勤務が主」から「自営農業への従事が主」になった者
②新規雇用就農者：	調査期日前１年間に新たに法人等に常雇い（年間７か月以上）として雇用されることにより、農業に従事することとなった者（外国人研修生及び外国人技能実習生並びに雇用される直前の就業状態が農業従事者であった場合を除く。）
③新規参入者：	土地や資金を独自に調達（相続・贈与等により親の農地を譲り受けた場合を除く。）し、調査期日前１年間に新たに農業経営を開始した経営の責任者及び共同経営者 なお、共同経営者とは、夫婦がそろって就農、あるいは複数の新規就農者が法人を新設して共同経営を行っている場合における、経営の責任者の配偶者又はその他の共同経営者

1　新規就農者数

令和元年の新規就農者は5万5,870人で前年に比べ0.1%増加し、このうち49歳以下は1万8,540人で、3.9%減少した。

就農形態別にみると、新規自営農業就農者は4万2,740人、新規雇用就農者は9,940人、新規参入者は3,200人となっている。

表1　新規就農者数の推移

単位：人

区分	計		就農形態別					
		49歳以下	新規自営農業就農者	49歳以下	新規雇用就農者	49歳以下	新規参入者	49歳以下
平成22年	54,570	17,970	44,800	10,910	8,040	6,120	1,730	940
23	58,120	18,600	47,100	10,460	8,920	6,960	2,100	1,180
24	56,480	19,280	44,980	10,540	8,490	6,570	3,010	2,170
25	50,810	17,940	40,370	10,090	7,540	5,800	2,900	2,050
26	57,650	21,860	46,340	13,240	7,650	5,960	3,660	2,650
27	65,030	23,030	51,020	12,530	10,430	7,980	3,570	2,520
28	60,150	22,050	46,040	11,410	10,680	8,170	3,440	2,470
29	55,670	20,760	41,520	10,090	10,520	7,960	3,640	2,710
30	55,810	19,290	42,750	9,870	9,820	7,060	3,240	2,360
令和元	55,870	18,540	42,740	9,180	9,940	7,090	3,200	2,270

図1　49歳以下の新規就農者数の推移（就農形態別）

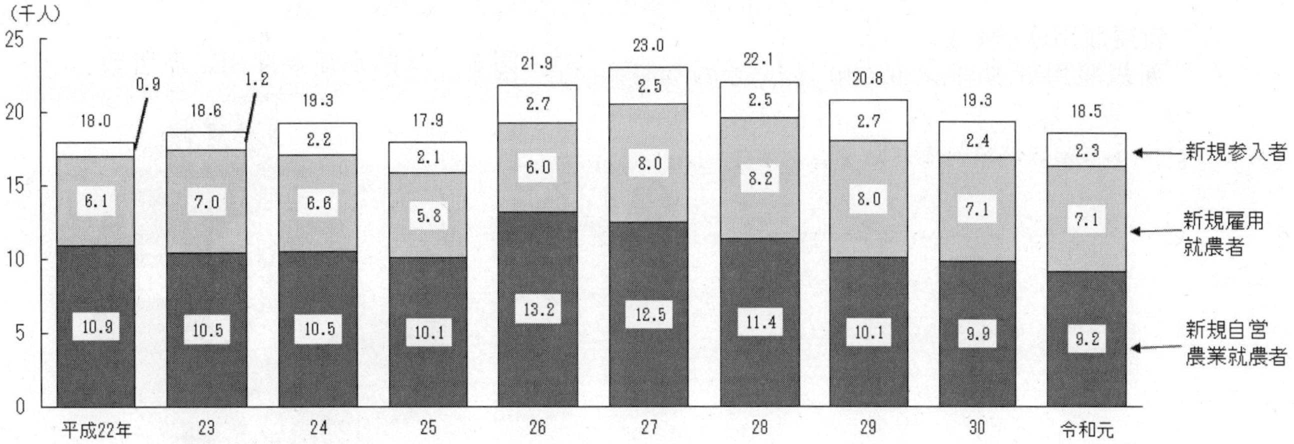

○　新規参入者については、平成26年調査から従来の「経営の責任者」に加え、新たに「共同経営者」を含めたため、利用に当たっては留意されたい。

2　新規自営農業就農者数

新規自営農業就農者は４万2,740人で、前年並みであった。

このうち49歳以下は9,180人で、前年に比べ7.0％減少した。

図２　年齢別新規自営農業就農者数

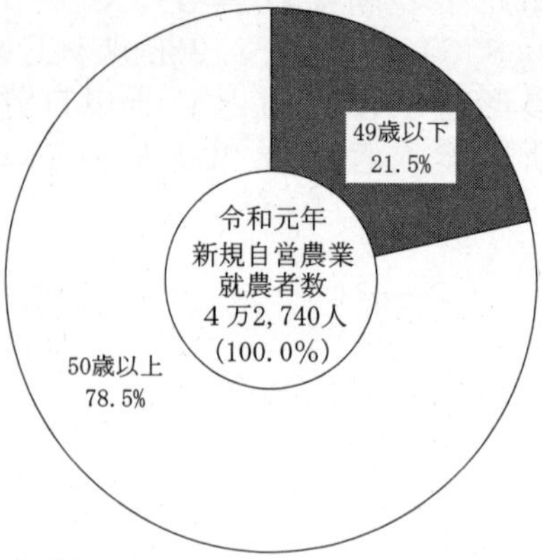

表２　新規自営農業就農者数

単位：人

区分	計		男女別	
		49歳以下	男	女
平成30年	42,750	9,870	33,090	9,660
令和元	42,740	9,180	32,860	9,870
増減率(%)	0.0	△　7.0	△　0.7	2.2
構成比(%)				
平成30年	100.0	23.1	77.4	22.6
令和元	100.0	21.5	76.9	23.1

3　新規雇用就農者数

新規雇用就農者は 9,940 人、このうち49歳以下は7,090人で、前年に比べそれぞれ1.2%、0.4%増加した。

図３　年齢別新規雇用就農者数

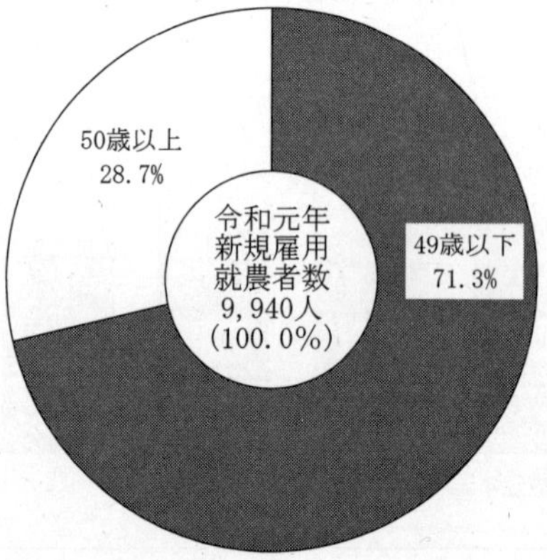

表３　新規雇用就農者数

単位：人

区分	計		男女別	
		49歳以下	男	女
平成30年	9,820	7,060	6,620	3,200
令和元	9,940	7,090	6,570	3,370
増減率(%)	1.2	0.4	△　0.8	5.3
構成比(%)				
平成30年	100.0	71.9	67.4	32.6
令和元	100.0	71.3	66.1	33.9

4　新規参入者数

新規参入者は3,200人、このうち49歳以下は2,270人で、前年に比べそれぞれ1.2%、3.8%減少した。

新規参入した部門別にみると、露地野菜作が960人と最も多く、次いで施設野菜作が640人、果樹作が620人となっている。

図4　年齢別新規参入者数

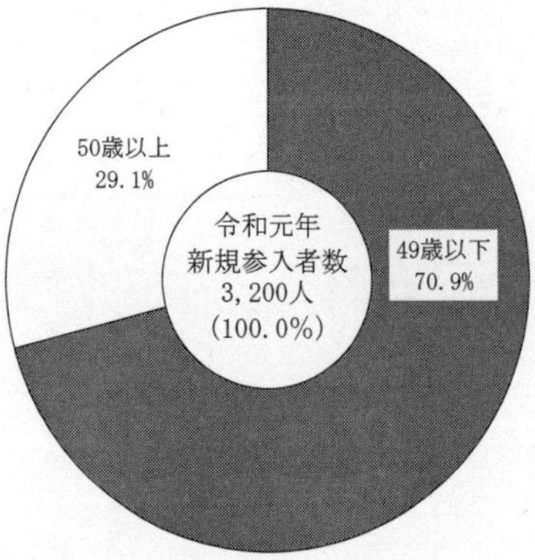

表4　経営の責任者・共同経営者別、男女別新規参入者数

単位：人

区分	計		経営の責任者・共同経営者		男女別	
		49歳以下	経営の責任者	共同経営者	男	女
平成30年	3,240	2,360	2,850	390	2,680	560
令和元	3,200	2,270	2,850	350	2,670	530
増減率(%)	△　1.2	△　3.8	0.0	△ 10.3	△　0.4	△　5.4
構成比(%)						
平成30年	100.0	72.8	88.0	12.0	82.7	17.3
令和元	100.0	70.9	89.1	10.9	83.4	16.6

表5　部門別新規参入者数

単位：人

区分	稲作	畑作	露地野菜作	施設野菜作	果樹作	花き作	その他の作物
平成30年	420	200	1,060	670	510	120	110
令和元	420	220	960	640	620	100	80
増減率(%)	0.0	10.0	△　9.4	△　4.5	21.6	△ 16.7	△ 27.3
構成比(%)							
平成30年	13.0	6.2	32.7	20.7	15.7	3.7	3.4
令和元	13.1	6.9	30.0	20.0	19.4	3.1	2.5

区分	酪農	肉用牛	養豚	養鶏	その他
平成30年	40	80	0	20	10
令和元	40	80	10	10	20
増減率(%)	0.0	0.0	nc	△ 50.0	100.0
構成比(%)					
平成30年	1.2	2.5	0.0	0.6	0.3
令和元	1.3	2.5	0.3	0.3	0.6

注：1　ncは計算不能。
　　2　「畑作」とは、麦類、雑穀、いも類、豆類、工芸農作物をいう。
　　3　「花き作」とは、露地花き、施設花き、花木をいう。
　　4　「肉用牛」とは、繁殖牛、肥育牛をいう。
　　5　「養鶏」とは、ブロイラー、採卵鶏をいう。
　　6　「その他」とは、養蚕、その他の畜産をいう。

Ⅱ　統　計　表

1　就農形態別新規就農者数

区　分		計				新規自営農業就農者			
		平成28年	29	30	令和元	平成28年	29	30	令和元
男女計	(1)	60,150	55,670	55,810	55,870	46,040	41,520	42,750	42,740
49歳以下	(2)	22,050	20,760	19,290	18,540	11,410	10,090	9,870	9,180
44歳以下	(3)	19,020	17,980	16,140	14,540	9,390	8,400	7,710	6,200
15～19歳	(4)	1,020	860	1,020	880	310	240	280	150
20～29	(5)	7,140	6,850	5,340	5,120	3,420	3,060	2,150	1,500
30～39	(6)	7,190	6,840	6,450	5,290	3,620	3,280	3,400	2,590
40～44	(7)	3,680	3,430	3,330	3,260	2,040	1,810	1,880	1,960
45～49	(8)	3,040	2,780	3,160	4,000	2,020	1,700	2,160	2,980
50～59	(9)	7,800	8,600	7,390	11,940	6,320	7,100	5,850	10,510
60～64	(10)	13,450	10,800	12,290	8,670	12,240	9,820	11,280	7,550
65歳以上	(11)	16,850	15,520	16,840	16,730	16,080	14,500	15,750	15,500
男計	(12)	44,960	42,450	42,390	42,100	35,310	32,610	33,090	32,860
49歳以下	(13)	16,040	15,280	14,310	13,930	8,820	7,890	7,600	7,240
44歳以下	(14)	13,960	13,370	12,010	10,900	7,340	6,580	5,970	4,830
15～19歳	(15)	680	560	710	640	220	180	240	80
20～29	(16)	5,390	5,110	4,120	3,660	2,780	2,400	1,790	1,170
30～39	(17)	5,280	5,070	4,730	4,130	2,850	2,520	2,530	2,070
40～44	(18)	2,600	2,640	2,450	2,470	1,490	1,480	1,410	1,510
45～49	(19)	2,080	1,910	2,300	3,030	1,480	1,310	1,630	2,410
50～59	(20)	5,460	6,150	5,480	8,550	4,490	5,170	4,400	7,530
60～64	(21)	10,110	8,350	9,310	6,390	9,230	7,650	8,620	5,770
65歳以上	(22)	13,360	12,670	13,290	13,240	12,760	11,890	12,470	12,340
女計	(23)	15,190	13,230	13,420	13,770	10,740	8,910	9,660	9,870
49歳以下	(24)	6,020	5,480	4,980	4,620	2,590	2,200	2,270	1,950
44歳以下	(25)	5,060	4,610	4,130	3,650	2,060	1,820	1,740	1,370
15～19歳	(26)	340	300	310	240	90	60	50	70
20～29	(27)	1,740	1,750	1,210	1,460	650	660	360	330
30～39	(28)	1,900	1,770	1,720	1,160	770	770	870	530
40～44	(29)	1,070	790	880	790	550	330	470	450
45～49	(30)	960	870	860	970	540	390	530	570
50～59	(31)	2,340	2,440	1,910	3,390	1,820	1,930	1,450	2,980
60～64	(32)	3,340	2,450	2,980	2,280	3,010	2,170	2,660	1,780
65歳以上	(33)	3,490	2,850	3,550	3,490	3,310	2,610	3,280	3,170

単位：人

新規雇用就農者				新規参入者				
平成28年	29	30	令和元	平成28年	29	30	令和元	
10,680	10,520	9,820	9,940	3,440	3,640	3,240	3,200	(1)
8,170	7,960	7,060	7,090	2,470	2,710	2,360	2,270	(2)
7,410	7,180	6,330	6,360	2,210	2,410	2,100	1,980	(3)
700	600	730	720	10	20	10	10	(4)
3,220	3,240	2,680	3,170	490	560	510	450	(5)
2,450	2,340	2,030	1,720	1,120	1,220	1,020	980	(6)
1,050	1,000	890	760	590	620	560	540	(7)
760	780	730	730	260	300	260	290	(8)
1,130	1,150	1,180	1,040	360	340	360	400	(9)
950	740	840	930	260	240	180	190	(10)
420	670	750	880	350	350	340	340	(11)
6,890	6,870	6,620	6,570	2,770	2,970	2,680	2,670	(12)
5,220	5,170	4,750	4,810	2,000	2,220	1,960	1,880	(13)
4,820	4,820	4,300	4,430	1,810	1,980	1,750	1,640	(14)
450	350	460	550	10	20	10	10	(15)
2,200	2,240	1,890	2,110	420	470	440	380	(16)
1,540	1,560	1,360	1,260	900	990	850	810	(17)
640	670	590	500	470	500	450	450	(18)
400	360	450	380	200	240	220	240	(19)
690	710	780	690	280	280	290	330	(20)
670	500	550	460	210	200	140	160	(21)
310	490	540	610	280	290	280	290	(22)
3,780	3,650	3,200	3,370	670	660	560	530	(23)
2,960	2,790	2,320	2,290	470	490	400	380	(24)
2,600	2,360	2,030	1,940	410	440	350	340	(25)
250	240	260	170	0	0	0	0	(26)
1,030	1,000	790	1,060	70	90	70	70	(27)
910	780	670	460	220	230	180	170	(28)
410	340	310	250	110	120	110	90	(29)
360	430	290	350	60	60	50	50	(30)
440	450	390	350	80	70	70	60	(31)
280	240	290	460	50	40	30	30	(32)
110	180	210	270	70	60	60	50	(33)

2　新規自営農業就農者数

単位：人

区　分	計	新規学卒就農者
男女計	42,740	670
49歳以下	9,180	670
44歳以下	6,200	670
15～19歳	150	150
20～29	1,500	520
30～39	2,590	10
40～44	1,960	-
45～49	2,980	-
50～59	10,510	-
60～64	7,550	-
65歳以上	15,500	-
男計	32,860	520
49歳以下	7,240	520
44歳以下	4,830	520
15～19歳	80	70
20～29	1,170	440
30～39	2,070	10
40～44	1,510	-
45～49	2,410	-
50～59	7,530	-
60～64	5,770	-
65歳以上	12,340	-
女計	9,870	150
49歳以下	1,950	150
44歳以下	1,370	150
15～19歳	70	70
20～29	330	80
30～39	530	-
40～44	450	-
45～49	570	-
50～59	2,980	-
60～64	1,780	-
65歳以上	3,170	-

3　新規雇用就農者数
(1)　出身別新規雇用就農者数

単位：人

区分	計	新規学卒就農者	農家出身	新規学卒就農者	非農家出身	新規学卒就農者
男女計	9,940	2,180	1,350	230	8,590	1,950
49歳以下	7,090	2,180	700	230	6,390	1,950
44歳以下	6,360	2,180	650	230	5,710	1,950
15～19歳	720	690	50	50	670	640
20～29	3,170	1,480	320	170	2,850	1,310
30～39	1,720	20	180	10	1,530	10
40～44	760	-	100	-	660	-
45～49	730	-	50	-	680	-
50～59	1,040	-	160	-	870	-
60～64	930	-	250	-	680	-
65歳以上	880	-	230	-	650	-
男計	6,570	1,420	1,110	170	5,460	1,250
49歳以下	4,810	1,420	560	170	4,250	1,250
44歳以下	4,430	1,420	530	170	3,900	1,250
15～19歳	550	530	50	50	510	480
20～29	2,110	880	250	120	1,860	770
30～39	1,260	10	150	10	1,110	-
40～44	500	-	90	-	410	-
45～49	380	-	30	-	350	-
50～59	690	-	150	-	540	-
60～64	460	-	200	-	260	-
65歳以上	610	-	200	-	410	-
女計	3,370	760	230	60	3,130	700
49歳以下	2,290	760	140	60	2,150	700
44歳以下	1,940	760	120	60	1,810	700
15～19歳	170	160	10	10	160	150
20～29	1,060	590	70	50	990	540
30～39	460	10	40	-	420	10
40～44	250	-	10	-	250	-
45～49	350	-	20	-	330	-
50～59	350	-	10	-	330	-
60～64	460	-	50	-	420	-
65歳以上	270	-	30	-	240	-

3　新規雇用就農者数（続き）
(2)　雇用先の農産物販売金額規模別新規雇用就農者数

区　分		計	1)500万円未満	500～1,000	1,000～3,000	3,000～5,000	5,000万～1億
男女計	(1)	9,940	1,110	240	890	800	1,420
49歳以下	(2)	7,090	670	160	520	610	1,070
44歳以下	(3)	6,360	620	150	440	520	920
15～19歳	(4)	720	90	10	30	10	90
20～29	(5)	3,170	330	70	190	230	480
30～39	(6)	1,720	90	80	150	170	280
40～44	(7)	760	110	-	80	110	70
45～49	(8)	730	50	20	80	90	140
50～59	(9)	1,040	200	10	100	60	110
60～64	(10)	930	110	40	110	60	100
65歳以上	(11)	880	130	30	170	70	140
男計	(12)	6,570	810	170	620	520	910
49歳以下	(13)	4,810	430	140	400	370	700
44歳以下	(14)	4,430	400	120	360	320	650
15～19歳	(15)	550	60	-	30	10	70
20～29	(16)	2,110	190	50	130	150	340
30～39	(17)	1,260	80	80	130	80	180
40～44	(18)	500	60	-	70	80	60
45～49	(19)	380	40	20	40	60	50
50～59	(20)	690	200	10	70	30	70
60～64	(21)	460	80	30	30	60	30
65歳以上	(22)	610	100	-	120	60	110
女計	(23)	3,370	300	70	270	290	510
49歳以下	(24)	2,290	240	30	120	240	370
44歳以下	(25)	1,940	220	30	80	200	270
15～19歳	(26)	170	30	10	-	-	20
20～29	(27)	1,060	140	20	50	80	140
30～39	(28)	460	10	-	20	90	100
40～44	(29)	250	50	-	10	30	10
45～49	(30)	350	20	-	40	40	90
50～59	(31)	350	-	-	30	30	50
60～64	(32)	460	30	20	70	10	60
65歳以上	(33)	270	40	30	50	10	30

注：　本表は、2020年農林業センサスと令和元年の新規雇用者調査で調査対象が一致した経営体を基に集計した。
　1)は、「販売なし」を含む。
　2)は、上記の両調査で調査対象が一致しなかった経営体に基づく推定値である。

単位：人

1億円以上	2)販売金額不明	
4,510	960	(1)
3,480	580	(2)
3,160	560	(3)
370	130	(4)
1,610	260	(5)
860	110	(6)
320	60	(7)
320	20	(8)
480	80	(9)
290	230	(10)
270	70	(11)
2,930	610	(12)
2,310	460	(13)
2,140	440	(14)
260	120	(15)
1,080	180	(16)
640	80	(17)
170	60	(18)
170	20	(19)
270	40	(20)
150	90	(21)
210	20	(22)
1,590	340	(23)
1,170	120	(24)
1,020	120	(25)
110	10	(26)
540	80	(27)
220	30	(28)
150	-	(29)
150	10	(30)
210	40	(31)
140	140	(32)
70	50	(33)

3　新規雇用就農者数（続き）
(3)　就業上の地位別新規雇用就農者数

単位：人

区　分	新規雇用就農者	就業上の地位別	
		役員・構成員	その他
男女計	9,940	1,140	8,800
49歳以下	7,090	830	6,260
44歳以下	6,360	780	5,580
15～19歳	720	60	660
20～29	3,170	380	2,780
30～39	1,720	230	1,490
40～44	760	110	650
45～49	730	50	680
50～59	1,040	140	900
60～64	930	130	800
65歳以上	880	40	850
男計	6,570	940	5,630
49歳以下	4,810	670	4,140
44歳以下	4,430	640	3,790
15～19歳	550	50	500
20～29	2,110	290	1,820
30～39	1,260	180	1,080
40～44	500	110	390
45～49	380	30	350
50～59	690	120	570
60～64	460	120	350
65歳以上	610	40	580
女計	3,370	200	3,170
49歳以下	2,290	170	2,120
44歳以下	1,940	150	1,790
15～19歳	170	10	160
20～29	1,060	90	970
30～39	460	50	410
40～44	250	-	250
45～49	350	20	330
50～59	350	20	330
60～64	460	20	450
65歳以上	270	-	270

注：　「役員」とは、農業経営の責任を負っている者、又は業務執行、会計監査等の権限を有する者をいい、「構成員」とは、任意組織等の法人格を有さない組織で経営に関与している者をいう。

4　新規参入者数

(1)　経営の責任者・共同経営者別新規参入者数

単位：人

区　分	新規参入者	経営の責任者・共同経営者別	
		経営の責任者	共同経営者
男女計	3,200	2,850	350
49歳以下	2,270	2,030	230
44歳以下	1,980	1,780	200
15～19歳	10	10	-
20～29	450	400	50
30～39	980	870	110
40～44	540	490	50
45～49	290	260	30
50～59	400	350	50
60～64	190	170	20
65歳以上	340	300	50
男計	2,670	2,520	150
49歳以下	1,880	1,820	70
44歳以下	1,640	1,590	50
15～19歳	10	10	-
20～29	380	370	10
30～39	810	780	30
40～44	450	430	20
45～49	240	230	20
50～59	330	290	40
60～64	160	150	10
65歳以上	290	260	30
女計	530	320	200
49歳以下	380	220	170
44歳以下	340	190	150
15～19歳	0	0	-
20～29	70	40	40
30～39	170	90	80
40～44	90	60	30
45～49	50	30	20
50～59	60	50	10
60～64	30	20	10
65歳以上	50	30	20

4　新規参入者数（続き）
(2)　部門別新規参入者数

区　分		計	稲作	畑作	露地野菜作	施設野菜作	果樹作
男女計	(1)	3,200	420	220	960	640	620
49歳以下	(2)	2,270	220	110	700	570	410
44歳以下	(3)	1,980	190	100	610	520	340
15～19歳	(4)	10	0	-	-	0	0
20～29	(5)	450	30	10	150	120	70
30～39	(6)	980	90	50	310	270	160
40～44	(7)	540	70	40	150	130	110
45～49	(8)	290	40	10	90	50	70
50～59	(9)	400	70	40	110	50	90
60～64	(10)	190	40	30	50	10	40
65歳以上	(11)	340	80	40	100	10	70
男計	(12)	2,670	360	190	800	530	510
49歳以下	(13)	1,880	190	100	590	470	340
44歳以下	(14)	1,640	160	90	520	430	280
15～19歳	(15)	10	0	-	-	0	-
20～29	(16)	380	30	10	130	100	60
30～39	(17)	810	70	40	270	210	130
40～44	(18)	450	60	30	120	110	90
45～49	(19)	240	30	10	70	50	60
50～59	(20)	330	60	30	80	40	80
60～64	(21)	160	40	20	40	10	40
65歳以上	(22)	290	80	30	90	10	60
女計	(23)	530	60	40	160	110	110
49歳以下	(24)	380	30	20	110	100	80
44歳以下	(25)	340	30	20	100	90	70
15～19歳	(26)	0	-	-	-	0	0
20～29	(27)	70	0	0	30	20	10
30～39	(28)	170	10	10	40	50	30
40～44	(29)	90	10	0	30	20	30
45～49	(30)	50	10	0	20	10	10
50～59	(31)	60	10	10	20	10	10
60～64	(32)	30	10	0	10	0	0
65歳以上	(33)	50	10	10	10	0	10

注：1　「畑作」とは、麦類、雑穀、いも類、豆類、工芸農作物をいう。
　　2　「花き作」とは、露地花き、施設花き、花木をいう。
　　3　「肉用牛」とは、繁殖牛、肥育牛をいう。
　　4　「養鶏」とは、ブロイラー、採卵鶏をいう。
　　5　「その他」とは、養蚕、その他の畜産をいう。

単位：人

花き作	その他の作物	酪農	肉用牛	養豚	養鶏	その他	
100	80	40	80	10	10	20	(1)
70	40	40	60	0	10	20	(2)
60	40	40	60	0	10	10	(3)
−	−	−	−	−	−	−	(4)
20	10	10	20	0	−	0	(5)
30	20	20	20	0	10	10	(6)
10	10	0	10	−	0	10	(7)
10	0	0	0	−	0	0	(8)
20	20	−	10	−	−	0	(9)
10	10	−	0	0	−	0	(10)
10	20	−	10	0	−	0	(11)
80	70	30	70	10	10	20	(12)
50	40	30	50	0	10	10	(13)
40	30	30	50	0	10	10	(14)
−	−	−	−	−	−	−	(15)
10	10	10	20	0	−	−	(16)
20	20	20	20	0	10	0	(17)
10	10	0	10	−	0	0	(18)
10	0	0	0	−	0	0	(19)
20	20	−	10	−	−	0	(20)
0	10	−	0	−	−	0	(21)
10	10	−	0	0	−	0	(22)
20	10	10	10	0	0	0	(23)
20	10	10	10	−	0	0	(24)
10	10	10	10	−	0	0	(25)
−	−	−	−	−	−	−	(26)
0	0	10	0	−	−	0	(27)
10	0	10	0	−	0	0	(28)
0	−	0	0	−	−	0	(29)
0	−	0	−	−	−	−	(30)
−	0	−	0	−	−	−	(31)
0	−	−	0	0	−	−	(32)
0	0	−	0	−	−	−	(33)

5　新たに自営農業が主となった世帯員の就農以前の就業状態別人数

区　分		新たに自営農業が主となった世帯員					
		計	就農以前の就業状態別				
			他に勤務 ①	学生 ②	農業以外の自営業 ③	家事・育児 ④	その他 ⑤
男女計	(1)	98,670	42,070	670	10,120	27,970	17,840
49歳以下	(2)	16,980	8,510	670	1,250	4,150	2,410
44歳以下	(3)	11,870	5,530	670	720	2,870	2,080
15～19歳	(4)	150	10	150	-	-	-
20～29	(5)	2,380	980	520	90	290	500
30～39	(6)	5,890	2,590	10	420	1,670	1,200
40～44	(7)	3,460	1,960	-	210	910	380
45～49	(8)	5,110	2,980	-	530	1,280	330
50～59	(9)	17,890	10,510	-	1,670	4,660	1,050
60～64	(10)	12,140	7,550	-	1,290	2,780	530
65歳以上	(11)	51,650	15,500	-	5,920	16,390	13,850
男計	(12)	51,990	32,340	520	8,050	290	10,790
49歳以下	(13)	10,300	6,720	520	1,040	170	1,860
44歳以下	(14)	7,320	4,310	520	600	160	1,720
15～19歳	(15)	80	10	70	-	-	-
20～29	(16)	1,680	730	440	50	20	440
30～39	(17)	3,620	2,060	10	380	140	1,040
40～44	(18)	1,940	1,510	-	170	-	250
45～49	(19)	2,990	2,410	-	440	10	140
50～59	(20)	9,670	7,530	-	1,410	20	720
60～64	(21)	6,930	5,770	-	870	-	300
65歳以上	(22)	25,080	12,340	-	4,740	100	7,910
女計	(23)	46,680	9,720	150	2,070	27,690	7,050
49歳以下	(24)	6,680	1,800	150	200	3,980	550
44歳以下	(25)	4,560	1,220	150	120	2,710	360
15～19歳	(26)	70	0	70	-	-	-
20～29	(27)	700	250	80	40	270	60
30～39	(28)	2,270	530	-	40	1,530	170
40～44	(29)	1,520	450	-	40	910	130
45～49	(30)	2,130	570	-	90	1,270	190
50～59	(31)	8,230	2,980	-	270	4,640	340
60～64	(32)	5,210	1,780	-	420	2,780	230
65歳以上	(33)	26,570	3,170	-	1,180	16,290	5,940

注：1　「他に勤務①」とは、農業以外に勤務、農業法人等に勤務をいう。
　　2　「新規自営農業就農者⑥」には、就農以前の就業状態が「農業以外の自営業③」、「家事・育児④」及び「その他⑤」を含めない。
　　3　「新たに親の経営を継承」とは、親の経営を継承して経営の責任者になった者をいう。
　　4　「親の経営とは別部門を新たに開始」とは、新たに親とは別部門の経営を開始し、その部門の経営の責任者になった者をいう。

単位：人

新規自営農業就農者			
⑥=①+②	新たに親の経営を継承	親の経営とは別部門を新たに開始	
42, 740	1, 430	520	(1)
9, 180	640	330	(2)
6, 200	380	230	(3)
150	-	-	(4)
1, 500	40	10	(5)
2, 590	180	120	(6)
1, 960	160	110	(7)
2, 980	260	100	(8)
10, 510	440	110	(9)
7, 550	160	30	(10)
15, 500	190	40	(11)
32, 860	1, 340	470	(12)
7, 240	640	290	(13)
4, 830	380	190	(14)
80	-	-	(15)
1, 170	40	-	(16)
2, 070	180	100	(17)
1, 510	160	90	(18)
2, 410	260	100	(19)
7, 530	350	110	(20)
5, 770	160	30	(21)
12, 340	190	40	(22)
9, 870	90	40	(23)
1, 950	-	40	(24)
1, 370	-	40	(25)
70	-	-	(26)
330	-	10	(27)
530	-	10	(28)
450	-	20	(29)
570	-	-	(30)
2, 980	90	-	(31)
1, 780	-	-	(32)
3, 170	-	-	(33)

6　新たに雇用された者の就業状態別雇用者数

区　分		新規雇用者						
		計	農作業に従事した者					
			小計	雇用される直前の主な就業状態				
				自営農業	農業法人等に勤務	農業以外の自営業	農業以外に勤務	
		①＝②＋⑩	②	③	④	⑤	⑥	
男女計	(1)	15,670	12,140	710	1,500	370	5,850	
49歳以下	(2)	11,090	8,440	320	1,030	200	3,840	
44歳以下	(3)	9,890	7,490	250	880	150	3,330	
15～19歳	(4)	1,000	750	10	20	-	30	
20～29	(5)	4,550	3,650	60	430	30	1,330	
30～39	(6)	2,920	2,160	130	320	40	1,380	
40～44	(7)	1,420	930	60	120	80	590	
45～49	(8)	1,200	950	70	150	60	520	
50～59	(9)	1,790	1,400	130	240	60	850	
60～64	(10)	1,430	1,180	120	130	30	600	
65歳以上	(11)	1,360	1,120	140	100	70	550	
男計	(12)	9,960	8,270	560	1,140	310	4,080	
49歳以下	(13)	7,070	5,870	280	790	180	2,740	
44歳以下	(14)	6,420	5,300	210	670	140	2,480	
15～19歳	(15)	670	560	10	-	-	20	
20～29	(16)	2,950	2,480	50	320	30	1,020	
30～39	(17)	2,040	1,640	120	260	30	1,070	
40～44	(18)	770	630	30	100	80	370	
45～49	(19)	650	570	70	120	40	270	
50～59	(20)	1,220	990	110	190	60	580	
60～64	(21)	720	610	70	80	20	360	
65歳以上	(22)	950	790	110	70	40	410	
女計	(23)	5,710	3,880	150	370	60	1,770	
49歳以下	(24)	4,020	2,560	40	240	30	1,100	
44歳以下	(25)	3,470	2,190	40	210	10	850	
15～19歳	(26)	340	190	-	20	-	10	
20～29	(27)	1,590	1,170	10	110	-	310	
30～39	(28)	890	520	10	60	10	320	
40～44	(29)	650	300	30	20	10	220	
45～49	(30)	550	380	-	30	10	250	
50～59	(31)	570	410	20	50	-	280	
60～64	(32)	710	570	50	60	10	250	
65歳以上	(33)	410	330	40	30	30	150	

注：1　「農作業以外のみに従事した者⑩」とは、経理事務、出荷・運搬、自家生産農産物の加工、販路の開拓、営農資金調達等に従事した者であり、「新規雇用就農者⑪」に含まれない。
2　「新規雇用就農者⑪」には、当該農業法人等に雇用される直前の主な就業状態が「自営農業③」及び「農業法人等に勤務④」（農業従事者であった者）を含めない。

単位：人

家事・育児 ⑦	学生 ⑧	その他 ⑨	農作業以外のみに従事した者 ⑩	新規雇用就農者 ⑪＝⑤+⑥+⑦+⑧+⑨	
430	2, 180	1, 100	3, 530	9, 940	(1)
310	2, 180	550	2, 650	7, 090	(2)
240	2, 180	460	2, 400	6, 360	(3)
−	690	10	260	720	(4)
90	1, 480	240	890	3, 170	(5)
120	20	160	760	1, 720	(6)
20	−	60	500	760	(7)
70	−	90	250	730	(8)
60	−	60	390	1, 040	(9)
40	−	250	250	930	(10)
20	−	240	230	880	(11)
20	1, 420	740	1, 700	6, 570	(12)
20	1, 420	440	1, 200	4, 810	(13)
10	1, 420	380	1, 120	4, 430	(14)
−	530	10	110	550	(15)
10	880	170	470	2, 110	(16)
10	10	140	400	1, 260	(17)
−	−	60	140	500	(18)
10	−	60	80	380	(19)
−	−	50	230	690	(20)
−	−	90	110	460	(21)
−	−	160	160	610	(22)
410	760	360	1, 830	3, 370	(23)
290	760	110	1, 450	2, 290	(24)
220	760	90	1, 290	1, 940	(25)
−	160	−	150	170	(26)
90	590	70	420	1, 060	(27)
120	10	10	360	460	(28)
20	−	10	350	250	(29)
70	−	30	170	350	(30)
60	−	10	160	350	(31)
40	−	160	140	460	(32)
20	−	80	80	270	(33)

付　調査票

農業構造動態調査票（個人経営体）

農業構造動態調査票（団体調査票）

令和２年新規就農者調査

　新規就農者調査　就業状態調査票

　新規就農者調査　新規雇用者調査票

　新規就農者調査　新規参入者調査票

令和元年新規就農者調査

　新規就農者調査　新規雇用者調査票

　新規就農者調査　新規参入者調査票

秘
農林水産省

【基本指標番号】

都道府県番号		管理番号		区分		経営体番号					

入力方向⇨⇨⇨

1	0	7	1

農業構造動態調査票（個人経営体）

令和3年2月1日現在

政府統計

統計法に基づく国の統計調査です。調査票情報の秘密の保護に万全を期します。

記入する前に、必ず「調査票の記入の仕方」をご覧ください。
この調査票は、統計の作成目的以外には使用しませんので、ありのままをご記入ください。
なお、記入には黒色の鉛筆または、シャープペンシルで記入してください。

★ 数字は、1マスに1つずつ、枠からはみ出さないように右づめで記入してください。

記入例 9876540

つなげる　すきまをあける

★ マスが足りない場合は、一番左のマスにまとめて記入してください。

記入例 11 2 3

★ 該当する場合は、下の記入例のようになぞってください。

記入例 ⇒ ／

調査票の確認をお願いします

調査票には前回の回答が印刷されているため、誤って配布しないよう、配布した調査票の確認に御協力をお願いします。
調査員が経営体番号とお名前を読み上げますので、間違いないかご確認いただき、間違いなければ右の□にチェックをお願いします。

経営体番号

【１】経営体の概要

各種制度を利用するなど、農業経営の取組について該当するものすべてを記入してください。

		前年	本年
世帯員に認定農業者がいる	101		
世帯員に認定新規就農者がいる	102		
地域の集落営農組織に参加している	103		
そのうち、オペレータとして従事	104		

【２】土地

1　土地の状況を記入してください（土地登記簿上の地目や面積ではなく、現状の地目や面積を記入してください。また、団体の所在地以外の他の市区町村にある土地を含みます。）。

田・畑・樹園地				田 (ha)(町) (反) (a)(畝)		畑 (ha)(町) (反) (a)(畝)		樹園地 (ha)(町) (反) (a)(畝)
経営している	201	前年			211		221	
		本年						
そのうち、所有している	202	前年			212		222	
		本年						
そのうち、借りている	203	前年			213		223	
		本年						
貸している	204	前年			214		224	
		本年						

実質的に経営を任せている場合は「貸している」に記入してください。原野化し、現状が耕地でないものは除きます。

2　過去1年間に、販売目的で水稲を作付けした場合は、作付け面積を記入してください
（けい畔は含めません。）。

		(ha)(町) (反) (a)(畝)
231	前年	
	本年	

始めから販売を目的とせず、自給用に作付けした面積は含めないでください。

【３】世帯員

1　世帯員の人数を記入してください。

			男（人）		女（人）
世帯員の数	301	前年		302	
		本年			
そのうち、満14歳以下の世帯員の数 （平成18年2月1日以降に生まれた方）	303	前年		304	
		本年			

2　満15歳以上の世帯員（平成18年1月31日以前に生まれた方）について記入してください。

　過去1年間でいずれかの決定に参画した方に記入してください。
○生産品目や飼養する畜種の選定・規模の決定
○出荷先の決定
○資金調達
○機械・施設などへの投資
○農地借入・農作業受託の決定

		① 世帯主との続柄	② 性別 いずれかに		③ 出生の年月 該当する元号と出生の年月を記入してください。				
					元号			出生の年月	
		続柄番号を記入	男	女	大正	昭和	平成	年	月
経営主	前年								
	本年								
世帯員1	前年								
	本年								
世帯員2	前年								
	本年								
世帯員3	前年								
	本年								
世帯員4	前年								
	本年								
世帯員5	前年								
	本年								
世帯員6	前年								
	本年								
世帯員7	前年								
	本年								

3　世帯としての所得
　世帯としての所得は、自営農業と自営農業以外の仕事でどちらが多いですか。
　該当するものに**必ず**記入してください。

		前年	本年
自営農業による所得が多い	311		
自営農業以外の所得が多い （不動産による所得は含み、年金は含まない）			

続柄番号

01:世帯主
02:世帯主の配偶者
03:子
04:子の配偶者
05:世帯主の父母
06:世帯主の配偶者の父母
07:兄弟姉妹
08:祖父母
09:孫
10:孫の配偶者
11:その他

従事した日数は、1日を8時間 として計算してください。
（例）
○1日4時間ずつ
→ 2日で1日分
○毎日1時間ずつ
→ 8日で1日分

○「新たに親の農業経営を継承した者」とは、過去1年間に、親の農業経営を継承して経営の責任者になった方をいいます。
○「親の農業経営とは別作物等を新たに開始した者」とは、過去1年間に、新たに親とは別の作物（品目）で農業経営（農業生産関連事業（「農作物の加工」、「観光農園」、「農家民宿」等の農業生産に関連した事業を含む。）を新たに開始し、その経営の責任者になった方をいいます。
なお、新たに親の経営を継承し、かつ親の経営とは別の作物等を新たに開始した場合は、両方に記入してください。

入力方向⇨⇨⇨

1	0	7	2

④	⑤					⑥								⑦								⑧	
経営主とともに農業経営の方針決定に関わっている	過去1年間のふだんの状況					過去1年間で自営農業に従事した日数（管理労働を含む） ※「自営農業」には、世帯として請け負った（受託した）農作業を含みます。								過去1年間で農業生産関連事業に従事した日数（管理労働を含む）								過去1年間に	
	仕事を主にしていた			主に学生（研修を含む）であった	主に家事・育児・その他であった																		
	主に自営農業を行った	主に他に勤務した	主に農業以外の自営業を行った			従事しなかった	1～29日	30～59日	60～99日	100～149日	150～199日	200～249日	250日以上	従事しなかった	1～29日	30～59日	60～99日	100～149日	150～199日	200～249日	250日以上	新たに親の農業経営を継承した者	親の農業経営とは別作物等を新たに開始した者
該当する方すべてに	必ず1つに					必ず1つに								必ず1つに								該当する方すべてに	

【４】雇用労働

１　常雇い

過去1年間に農業経営または農業生産関連事業のために常雇いした人（あらかじめ7か月以上の契約で雇った人）すべてについて、記入してください。

		①		②						
		性別		出生の年月						
		いずれかに		該当する元号と出生の年月を記入してください。						
				元号			出生の年月			
		男	女	大正	昭和	平成	年		月	
1	前年									
	本年									
2	前年									
	本年									
3	前年									
	本年									
4	前年									
	本年									

世帯員は含めないでください。常雇いしている方全員を記入していただくため、5人以上の常雇いがいた場合は、補助票に記入してください。

２　臨時雇い

過去1年間に日雇・季節雇などで、農業経営または農業生産関連事業のために臨時雇いした人（手伝いなどを含みます。）について、実人数を記入してください。

世帯員は含めないでください。

		農　業 実人数（人）					
		前年			本年		
男	401						
女	402						

		農業生産関連事業 実人数（人）					
		前年			本年		
男	403						
女	404						

【５】農業経営の特徴的な取組

１　農業経営について青色申告を行っていますか。該当するもの1つに**必ず**記入してください。

			前年	本年
行っていない		501		
行っている	正規の簿記			
	簡易簿記			
	現金主義			

「現金主義」とは現金主義による所得計算の特例を受けているものをいいます（青色申告特別控除額：最高10万円）。

２　効率的かつ効果的な農業経営を行うためにデータ（財務、市況、生産履歴、生育状況、気象状況、栽培管理などの情報）を活用していますか。

その際、どのようにデータを活用していますか。該当するもの1つに**必ず**記入してください。

		前年	本年
データを取得して活用	511		
データを取得・記録して活用			
データを取得・分析して活用			
データを活用した農業を行っていない			

「データを取得して活用」とは、スマートフォン、パソコンなどを用いて気象、市況などのデータを取得し、農業の経営に活用することをいいます。

「データを取得・記録して活用」とは、スマートフォン、パソコンなどを用いて生産履歴などのデータを取得・記録（記録のみの場合を含む。）し、農業の経営に活用することをいいます。

「データを取得・分析して活用」とは、「データを取得して活用」や「データ を取得・記録して活用」で把握したデータに加え、センサー、ドローンなどを用いてほ場環境や生育状況などのデータを取得し、専用のアプリなどで分析して農業の経営に活用することをいいます。

3　有機農業に取り組んでいますか。該当するもの1つに**必ず**記入してください。

入力方向⇨⇨⇨

1	0	7	3

		前年	本年
取り組んでいる	521		
取り組んでいない			

自然農法に取り組んでいる場合や有機JASの認証を受けていない方でも、化学肥料及び農薬を使用せず、遺伝子組換え技術も利用しないで農業に取り組んでいる場合、有機農業に該当します。

なお、販売を目的とせず自給用のみに作付けた（栽培した）場合は、含めません。

【６】農業生産関連事業

過去1年間に農業生産に関連した事業を行っていますか。該当するものすべてに記入してください。

			前年	本年
行っていない		601		
行っている	農産物の加工	602		
	小　売　業	603		
	観光農園	604		
	貸農園・体験農園など	605		
	農　家　民　宿	606		
	農家レストラン	607		
	海外への輸出	608		
	再生可能エネルギー発電	609		
	そ　の　他	610		

【７】農産物の販売

1　過去1年間の農産物の販売金額（売上高）について、該当するもの1つに**必ず**記入してください。

		701 前年	701 本年
販　売　な　し			
農産物の販売あり	50　万　円　未　満		
	50　～　100　万円未満		
	100　～　300　万円未満		
	300　～　500　万円未満		
	500　～　1,000　万円未満		
	1,000　～　3,000　万円未満		
	3,000　～　5,000　万円未満		
	5,000万～　1　億円未満		
	1　億　～　2　億円未満		
	2　億　～　3　億円未満		
	3　億　～　5　億円未満		
	5　億　円　以　上		

販売金額には、売上金額を記入してください（肥料代、農薬代などの経費を引かない。）。

2　過去1年間の販売金額が上位3位までの該当順位に部門コードを記入し、合計に占める割合をそれぞれ記入してください。

部門コード

01：水稲・陸稲
02：麦類
03：雑穀・いも類・豆類
04：工芸農作物
05：露地野菜
06：施設野菜
07：果樹類
08：花き・花木
09：その他の作物
10：酪農
11：肉用牛
12：養豚
13：養鶏
14：養蚕
15：その他の畜産

			部門コード		割	
1位	前年	711				
	本年		8	8	8	8
2位	前年	713				
	本年		8	8	8	8
3位	前年	715				
	本年		8	8	8	8

経営部門が4部門以上である場合は、割合の合計が10に満たないこともあります。

きのこの栽培は「その他の作物」に、地鶏や養蜂は「その他の畜産」に含めます。

3　過去1年間に農産物を販売したすべての出荷先を記入し、そのうち、売上1位の出荷先を記入してください。

			出荷先 前年	出荷先 本年	うち売上1位の出荷先（1つに） 731 前年	731 本年
該当するすべてに	農　協　へ	721				
	農協以外の集出荷団体へ	722				
	卸 売 市 場 へ	723				
	小 売 業 者 へ	724				
	食品製造業・外食産業へ	725				
消費者に直接販売	自営の農産物直売所で	726				
	その他の農産物直売所で	727				
	インターネットで	728				
	他の方法で（無人販売など）	729				
	そ の 他 へ	730				

「消費者に直接販売」には自ら生産した農産物またはそれを使用した加工品を消費者に販売しているものが該当します。
「その他の農産物直売所」には、共同で運営している直売所または他の人が運営している直売所が該当します。

【８】農作業の受託（請負）

1　過去1年間の農作業の受託（請負）による料金収入について、該当するもの1つに必ず記入してください。

		801 前年	801 本年
	受託料金収入なし		
農作業の受託料金収入あり	50 万 円 未 満		
	50 ～ 100 万円未満		
	100 ～ 300 万円未満		
	300 ～ 500 万円未満		
	500 ～ 1,000 万円未満		
	1,000 ～ 3,000 万円未満		
	3,000 ～ 5,000 万円未満		
	5,000万 ～ 1 億円未満		
	1 億 ～ 2 億円未満		
	2 億 ～ 3 億円未満		
	3 億 ～ 5 億円未満		
	5 億 円 以 上		

2　水稲作業で、過去1年間によそから受託した（請け負った）作業すべてに記入してください。

			前年	本年
作業ごとに受託	育苗	811		
	耕起・代かき	812		
	田植	813		
	防除	814		
	稲刈り・脱穀	815		
	乾燥・調製	816		
	すべての水稲作作業を一括して受託	817		

3　水稲以外で、過去1年間によそから受託した（請け負った）農作業すべてに記入してください。

			前年	本年
該当するすべてに	麦作	821		
	大豆作	822		
	野菜作	823		
	果樹作	824		
	飼料用作物作	825		
	工芸農作物作	826		
	その他の作物作	827		
	畜産	828		
	酪農ヘルパー	829		

連 絡 先

調査員氏名
電 話 番 号

調査はここで終わりです。ご協力ありがとうございました。

秘
農林水産省

【基本指標番号】			
都道府県番号	管理番号	区分	経営体番号

⇦⇦⇦ 入力方向

1	0	8	1

政府統計

統計法に基づく国の統計調査です。調査票情報の秘密の保護に万全を期します。

農業構造動態調査票（団体調査票）令和3年2月1日現在

記入する前に、必ず「調査票の記入の仕方」をご覧ください。
この調査票は、統計の作成目的以外には使用しませんので、ありのままをご記入ください。
なお、記入には黒色の鉛筆または、シャープペンシルで記入してください。

《記入上の注意》

★ 数字は、1マスに1つずつ、枠からはみ出さないように右づめで記入してください。

記入例	8	8	8	9	8	7	6	5	4	0

つなげる　すきまをあける

★ 該当する場合は、下の記入例のようになぞってください。

記入例 ⁄ → ／

★ マスが足りない場合は、一番左のマスにまとめて記入してください。

記入例	112	3

【１】経営体の概要

1 経営は会社などの法人化をしていますか。該当するもの1つに**必ず**記入してください。

				前年	本年
法人でない			10		⁄
法人である	農事組合法人				⁄
	会社	株式会社			⁄
		合名・合資会社			⁄
		合同会社			⁄
		相互会社			⁄
	各種団体	農協			⁄
		その他の各種団体			⁄
	その他の法人				⁄

特例有限会社は株式会社に該当します。

2 各種制度を利用するなど、農業経営の取組について該当するものすべてを記入してください。

		前年	本年
認定農業者であるか、組織内に認定農業者がいる	111		⁄
認定新規就農者である	112		⁄

【２】土地

1 土地の状況を記入してください（土地登記簿上の地目や面積ではなく、現状の地目や面積を記入してください。また、団体の所在地以外の他の市区町村にある土地を含みます。）。

田・畑・樹園地

			田 (ha)(町)(反)(a)(畝)		畑 (ha)(町)(反)(a)(畝)		樹園地 (ha)(町)(反)(a)(畝)
経営している	201	前年		211		221	
		本年	88888		88888		88888
そのうち、所有している	202	前年		212		222	
		本年	88888		88888		88888
そのうち、借りている	203	前年		213		223	
		本年	88888		88888		88888
貸している	204	前年		214		224	
		本年	88888		88888		88888

実質的に経営を任せている場合は「貸している」に記入してください。原野化し、現状が耕地でないものは除きます。

2 過去1年間に、販売目的で水稲を作付けした場合は、作付け面積を記入してください（けい畔は含めません。）。

		(ha)(町)(反)(a)(畝)
231	前年	
	本年	88888

始めから販売を目的とせず、自給用に作付けした面積は含めないでください。

【３】 団体経営の内部労働力

経営主と、役員（代理を委任された者を含む）・構成員のうち過去1年間に農業と農業生産関連事業への従事日数があわせて60日以上の方すべてについて、記入してください。

経営主のほか、役員・構成員のうち、過去1年間に農業（管理労働を含む。）または農業生産関連事業に従事した者のみです。役員会に出席するだけの者は、記入する必要はありません。
また、常雇い、臨時雇いの労働力は含みません。

従事した日数は、1日を8時間として計算してください。
（例）
○1日4時間ずつ
→ 2日で1日分
○毎日1時間ずつ
→ 8日で1日分

		①		②					③ 過去1年間で農業に従事した日数（管理労働を含む）						④ 過去1年間で農業生産関連事業に従事した日数（管理労働を含む）						⑤ 過去1年間の主な状況	
		性別 いずれかに		出生の年月 該当する元号と出生の年月を記入してください。																		
				元号			出生の年月															
		男	女	大正	昭和	平成	年	月	60日未満	60～99日	100～149日	150～199日	200～249日	250日以上	60日未満	60～99日	100～149日	150～199日	200～249日	250日以上	主に農業に従事	主に農業以外の事業に従事
									必ず1つに						必ず1つに						必ず1つに	
経営主	前年																					
	本年																					
1	前年																					
	本年																					
2	前年																					
	本年																					
3	前年																					
	本年																					
4	前年																					
	本年																					
5	前年																					
	本年																					
6	前年																					
	本年																					
7	前年																					
	本年																					

【４】 雇用労働

1　常雇い

過去1年間に農業経営または農業生産関連事業のために常雇いした人（あらかじめ7か月以上の契約で雇った人）すべてについて、記入してください。

経営主・役員などは含めないでください。常雇いしている方全員を記入していただくため、5人以上の常雇いがいた場合は、補助票に記入してください。

		①		②				
		性別 いずれかに		出生の年月 該当する元号と出生の年月を記入してください。				
				元号			出生の年月	
		男	女	大正	昭和	平成	年	月
1	前年							
	本年							
2	前年							
	本年							
3	前年							
	本年							
4	前年							
	本年							

2　臨時雇い

過去1年間に日雇・季節雇などで、農業経営または農業生産関連事業のために臨時雇いした人（手伝いなどを含みます。）について、実人数を記入してください。

経営主・役員などは含めないでください。

農業		実人数（人）	
		前年	本年
男	401		
女	402		

農業生産関連事業		実人数（人）	
		前年	本年
男	403		
女	404		

【５】農業経営の特徴的な取組

1　農業経営について青色申告を行っていますか。
該当するもの1つに**必ず**記入してください。

			前年	本年
行っていない		501		
行っている	正規の簿記			
	簡易簿記			
	現金主義			

「正規の簿記」とは損益計算書と貸借対照表が導き出せる組織的な簿記の方式（一般的には複式簿記をいいます（青色申告特別控除額：最高65万円））。
「簡易簿記」とは「正規の簿記」以外の簡易な帳簿による記帳（青色申告特別控除額：最高10万円）をいいます。
「現金主義」とは現金主義による所得計算の特例を受けているものをいいます（青色申告特別控除額：最高10万円）。
経営を法人化し青色申告を行っている場合は「正規の簿記」に記入してください。

2　効率的かつ効果的な農業経営を行うためにデータ（財務、市況、生産履歴、生育状況、気象状況、栽培管理などの情報）を活用していますか。
その際、どのようにデータを活用していますか。該当するもの1つに**必ず**記入してください。

		前年	本年
データを取得して活用	511		
データを取得・記録して活用			
データを取得・分析して活用			
データを活用した農業を行っていない			

「データを取得して活用」とは、**スマートフォン、パソコンなどを用いて気象、市況などのデータを取得**し、農業の経営に活用することをいいます。
「データを取得・記録して活用」とは、**スマートフォン、パソコンなどを用いて生産履歴などのデータを取得・記録（記録のみの場合を含む。）**し、農業の経営に活用することをいいます。
「データを取得・分析して活用」とは、「データを取得して活用」や「データ を取得・記録して活用」で把握したデータに加え、**センサー、ドローンなどを用いてほ場環境や生育状況などのデータを取得し、専用のアプリなどで分析**して農業の経営に活用することをいいます。

3　有機農業に取り組んでいますか。該当するもの1つに**必ず**記入してください。

		前年	本年
取り組んでいる	521		
取り組んでいない			

自然農法に取り組んでいる場合や有機JASの認証を受けていない方でも、化学肥料及び農薬を使用せず、遺伝子組換え技術も利用しないで農業に取り組んでいる場合、有機農業に該当します。
なお、販売を目的とせず自給用のみに作付けた（栽培した）場合は、含めません。

【６】農業生産関連事業

過去1年間に農業生産に関連した事業を行っていますか。
該当するものすべてに記入してください。

			前年	本年
行っていない		601		
行っている	農産物の加工	602		
	小売業	603		
	観光農園	604		
	貸農園・体験農園など	605		
	農家民宿	606		
	農家レストラン	607		
	海外への輸出	608		
	再生可能エネルギー発電	609		
	その他	610		

【７】農産物の販売

1　過去1年間の農産物の販売金額（売上高）について、該当するもの1つに**必ず**記入してください。

販売金額には、売上金額を記入してください（肥料代、農薬代などの経費を引かない。）。

701			前年	本年
販売なし				
農産物の販売あり	50	万円未満		
	50　～　100	万円未満		
	100　～　300	万円未満		
	300　～　500	万円未満		
	500　～　1,000	万円未満		
	1,000　～　3,000	万円未満		
	3,000　～　5,000	万円未満		
	5,000万　～　1	億円未満		
	1億　～　2	億円未満		
	2億　～　3	億円未満		
	3億　～　5	億円未満		
	5億円以上			

2　過去1年間の販売金額が上位3位までの該当順位に部門コードを記入し、合計に占める割合をそれぞれ記入してください。

部門コード

01：水稲・陸稲
02：麦類
03：雑穀・いも類・豆類
04：工芸農作物
05：露地野菜
06：施設野菜
07：果樹類
08：花き・花木
09：その他の作物
10：酪農
11：肉用牛
12：養豚
13：養鶏
14：養蚕
15：その他の畜産

			部門コード		割	
1位	前年	711				
	本年		8	8	8	8
2位	前年	713				
	本年		8	8	8	8
3位	前年	715				
	本年		8	8	8	8

経営部門が4部門以上である場合は、割合の合計が10に満たないこともあります。
きのこの栽培は「その他の作物」に、地鶏や養蜂は「その他の畜産」に含めます。

3　過去1年間に農産物を販売した<u>すべての出荷先を記入</u>し、そのうち、売上1位の出荷先を記入してください。

該当するすべてに			出荷先 前年	出荷先 本年	うち売上1位の出荷先（1つに） 731 前年	731 本年
農協へ		721				
農協以外の集出荷団体へ		722				
卸売市場へ		723				
小売業者へ		724				
食品製造業・外食産業へ		725				
消費者に直接販売	自営の農産物直売所で	726				
	その他の農産物直売所で	727				
	インターネットで	728				
	他の方法で（無人販売など）	729				
その他へ		730				

「消費者に直接販売」には自ら生産した農産物またはそれを使用した加工品を消費者に販売しているものが該当します。
「その他の農産物直売所」には、共同で運営している直売所または他の人が運営している直売所が該当します。

【８】農作業の受託（請負）

1　過去1年間の農作業の受託（請負）による料金収入について、該当するもの1つに**必ず**記入してください。

801			前年	本年
受託料金収入なし				
農作業の受託料金収入あり	50	万円未満		
	50　～　100	万円未満		
	100　～　300	万円未満		
	300　～　500	万円未満		
	500　～　1,000	万円未満		
	1,000　～　3,000	万円未満		
	3,000　～　5,000	万円未満		
	5,000万　～　1	億円未満		
	1億　～　2	億円未満		
	2億　～　3	億円未満		
	3億　～　5	億円未満		
	5億円以上			

2　水稲作業で、過去1年間によそから受託した（請け負った）作業すべてに記入してください。

			前年	本年
作業ごとに受託	育苗	811		
	耕起・代かき	812		
	田植	813		
	防除	814		
	稲刈り・脱穀	815		
	乾燥・調製	816		
すべての水稲作作業を一括して受託		817		

3　水稲以外で、過去1年間によそから受託した（請け負った）農作業すべてに記入してください。

			前年	本年
該当するすべてに	麦作	821		
	大豆作	822		
	野菜作	823		
	果樹作	824		
	飼料用作物作	825		
	工芸農作物作	826		
	その他の作物作	827		
	畜産	828		
	酪農ヘルパー	829		

連絡先

地域拠点の名称

電話番号

調査はここで終わりです。ご協力ありがとうございました。

秘
農林水産省

1	0	9	1

政府統計

統計法に基づく国の統計調査です。調査票情報の秘密の保護に万全を期します。

新規就農者調査
就業状態調査票

農林水産省使用欄		
都道府県コード	管理コード	整理番号	枝番号

入力方向

この調査は、自営農業に従事された農家世帯員の方々の**過去２年間の就業状態（生活の主な状態）**についてお伺いし、自営農業に新たに従事した方を把握するものです。

（調査票にご記入いただいた内容は、統計法の規定により適正に管理され、秘密の保護には万全を期していますので、ありのままをご回答ください。
なお、裏面の問２の一部には、あらかじめ2020年農林業センサスの結果を印刷しています。）

調査票の記入及び提出は、オンラインでも可能です。
オンラインによる回答方法は、「オンライン調査システム操作ガイド」をご参照ください。

記入見本	①

記入見本	0	1	2	3	4	5	6	7	8	9

記入の際は黒色の濃い鉛筆を使用してください。

問１　お宅の農業経営の状況（令和３年２月１日現在）について、
「１」又は「２」のどちらかの番号を選択し○をしてください。

【家族で自営農業を営んでいる】 ・ご家族の中に１人でも自営農業を営んでいる方がいる場合 ・一人暮らしで自営農業を営んでいる場合　など	①	⇨ **裏面の問2へお進みください。**
【上記以外】 ・自営農業をやめた場合 ・集落営農等へ所有している農地をすべて貸し出している場合　など	②	⇨ **「2」を選ばれた方は、調査は終了です。** **同封の返信用封筒に折り入れてご返送ください。**

問２　満15歳以上の同居されている家族（家族の代表者自身も含みます。）のうち、この１年間（令和２年２月～３年１月）に１日以上自営農業に従事した方について、それぞれ該当する番号に○をしてください。（１人につき１行で記入してください。）
あらかじめ2020年農林業センサスの結果を入力しています。修正が必要な場合は、当該箇所を修正してください。
記入いただく方が７人以上の場合は、「ご協力のお願い」に記載した《連絡先》までお知らせください。

		性別		満15歳以上の世帯員の出生の年月					生活の主な状態（日数の一番多いもの）											
				該当する元号と出生の年月を記入してください。					この１年間（令和２年２月～３年１月）							さらに１年前（平成31年２月～令和２年１月）				
		男	女	元号			出生の年月		自営農業	※新たに親の農業経営を継承	※親の農業経営とは別作物等を新たに開始	他に勤務	農業以外の自営業	学生	家事・育児・その他	自営農業	他に勤務	農業以外の自営業	学生	家事・育児・その他
		どちらか１つに○印		大正	昭和	平成	年	月	①及び④～⑦は いずれか１つに○印 ②及び③は該当する方すべてに○印							いずれか１つに○印				
満15歳以上の人	01人目	①	②	①	②	③			①	②	③	④	⑤	⑥	⑦	①	④	⑤	⑥	⑦
	02人目	①	②	①	②	③			①	②	③	④	⑤	⑥	⑦	①	④	⑤	⑥	⑦
	03人目	①	②	①	②	③			①	②	③	④	⑤	⑥	⑦	①	④	⑤	⑥	⑦
	04人目	①	②	①	②	③			①	②	③	④	⑤	⑥	⑦	①	④	⑤	⑥	⑦
	05人目	①	②	①	②	③			①	②	③	④	⑤	⑥	⑦	①	④	⑤	⑥	⑦
	06人目	①	②	①	②	③			①	②	③	④	⑤	⑥	⑦	①	④	⑤	⑥	⑦
合計（人）																				

※「新たに親の農業経営を継承」とは、この１年間に、親の農業経営を継承して経営の責任者になった方をいいます。
「親の農業経営とは別作物等を新たに開始」とは、この１年間に、新たに親とは別の作物（品目）で農業経営（農業生産関連事業（「農作物の加工」、「観光農園」、「農家民宿」等の農業生産に関連した事業を含む。））を新たに開始し、その経営の責任者になった方をいいます。
なお、新たに親の農業経営を継承し、かつ親の農業経営とは別の作物等を新たに開始した場合は、両方に記入してください。

＜記入例＞

	男	女	大正	昭和	平成	年	月	①	②	③	④	⑤	⑥	⑦	①	④	⑤	⑥	⑦
01人目	❶	②	①	❷	③	6 3	0 1	❶	❷	❸	④	⑤	⑥	⑦	①	❹	⑤	6	⑦

１人目：男性（「１」）、昭和63年（「２」）１月生まれ、この１年間に、親の経営していた水稲部門を継承（「２」）し、かつ小麦での農業経営を新たに開始（「３」）して自営農業に従事（「１」）、その前年は一般企業の会社員（「４」）

調査は問２で終了です。ご協力ありがとうございました。同封の返信用封筒に調査票を折り入れてご返送ください。

※　本調査票はUDフォント（UD=Universal Design）を使用しています。

秘
農林水産省

1 1 0 1

新規就農者調査
新規雇用者調査票

政府統計
統計法に基づく国の統計調査です。調査票情報の秘密の保護に万全を期します。

農林水産省使用欄

都道府県コード	管理コード	整理番号	枝番号

入力方向

この調査は、農業を営まれる法人等の新規雇用状況についてお伺いし、法人等に**雇用された新規就農者**を把握するものです。

（調査票にご記入いただいた内容は、統計法の規定により適正に管理され、秘密の保護には万全を期していますので、ありのままをご回答ください。）

調査票の記入及び提出は、オンラインでも可能です。
オンラインによる回答方法は、「オンライン調査システム操作ガイド」をご参照ください。

記入見本	①

記入見本	0	1	2	3	4	5	6	7	8	9

記入の際は**黒色の濃い鉛筆**を使用してください。

問１　この１年間（令和２年２月～３年１月）に新たに雇用（あらかじめ年間７か月以上の契約）した方はいますか。
「１」、「２」又は「３」のいずれかの番号を選択し〇をしてください。

【新たに雇用した方がいる場合】 日雇・季節雇や外国人技能実習生・特定技能で受け入れた外国人は含みません。	①	次の問２への記入後にお進みください。
【農業経営を行っているが、新たに雇用した方がいない場合】	②	「２」を選ばれた方は、次の問２への記入後に調査は終了です。 同封の返信用封筒に折り入れてご返送ください。
【農業経営を行っていない場合】	③	「３」を選ばれた方は、調査は終了です。 同封の返信用封筒に折り入れてご返送ください。

問２　この１年間（令和２年２月～３年１月）の農産物の販売金額（売上高）の合計（畜産物、まゆ、栽培きのこ、養蜂も含みます。）について、該当するものに〇をしてください。

販売なし	①
50 万円未満	②
50 ～ 100 万円未満	③
100 ～ 300 万円未満	④
300 ～ 500 万円未満	⑤
500 ～ 1,000 万円未満	⑥
1,000 ～ 3,000 万円未満	⑦
3,000 ～ 5,000 万円未満	⑧
5,000万 ～ 1 億円未満	⑨
1 億円以上	⑩

問３　この１年間（令和２年２月～３年１月）に新たに雇用した方について、それぞれ該当する番号に○をしてください。

（日雇・季節雇や外国人技能実習生・特定技能で受け入れた外国人は含みません。）

		性別		満年齢（令和３年２月１日現在の年齢）								出身		就業上の地位		仕事の内容		雇用される直前の主な就業状態					
																		農業		農業以外の自営業	農業以外に勤務	学生	家事・育児・その他
		男	女	15～19歳	20～29	30～39	40～44	45～49	50～59	60～64	65歳以上	農家	非農家	役員・構成員	その他	農作業	農作業以外	自営農業	農業法人等に勤務				
		どちらか１つに○印		いずれか１つに○印								どちらか１つに○印		どちらか１つに○印		当てはまる番号すべてに○印		いずれか１つに○印					
満15歳以上の人	01人目	①	②	①	②	③	④	⑤	⑥	⑦	⑧	①	②	①	②	①	②	①	②	③	④	⑤	⑥
	02人目	①	②	①	②	③	④	⑤	⑥	⑦	⑧	①	②	①	②	①	②	①	②	③	④	⑤	⑥
	03人目	①	②	①	②	③	④	⑤	⑥	⑦	⑧	①	②	①	②	①	②	①	②	③	④	⑤	⑥
	04人目	①	②	①	②	③	④	⑤	⑥	⑦	⑧	①	②	①	②	①	②	①	②	③	④	⑤	⑥
	05人目	①	②	①	②	③	④	⑤	⑥	⑦	⑧	①	②	①	②	①	②	①	②	③	④	⑤	⑥
	06人目	①	②	①	②	③	④	⑤	⑥	⑦	⑧	①	②	①	②	①	②	①	②	③	④	⑤	⑥
	07人目	①	②	①	②	③	④	⑤	⑥	⑦	⑧	①	②	①	②	①	②	①	②	③	④	⑤	⑥
	08人目	①	②	①	②	③	④	⑤	⑥	⑦	⑧	①	②	①	②	①	②	①	②	③	④	⑤	⑥
	09人目	①	②	①	②	③	④	⑤	⑥	⑦	⑧	①	②	①	②	①	②	①	②	③	④	⑤	⑥
	10人目	①	②	①	②	③	④	⑤	⑥	⑦	⑧	①	②	①	②	①	②	①	②	③	④	⑤	⑥
合計（人）																							

※　記入いただく方が11人以上の場合は、「ご協力のお願い」に記載した《連絡先》までお知らせください。

<記入例>

01人目	①	**②**	①	**②**	③	④	⑤	⑥	⑦	⑧	①	**②**	①	**②**	**①**	**②**	①	②	③	④	**⑤**	⑥
02人目	**①**	②	①	②	③	④	⑤	⑥	**⑦**	⑧	**①**	②	**①**	②	**①**	②	①	②	③	**④**	⑤	⑥

１人目：女性（「２」）、23歳（「２」）、非農家出身（「２」）、農作業及び経理事務等に従事（「１」及び「２」）、雇用前は学生「５」）、
２人目：男性（「１」）、60歳（「７」）、農家出身（「１」）、経営責任者（役員）（「１」）、農作業に従事（「１」）、雇用前は農業以外に勤務「４」）

調査は問3で終了です。ご協力ありがとうございました。
同封の返信用封筒に折り入れてご返送ください。

※　本調査票はUDフォント（UD=Universal Design）を使用しています。

秘
農林水産省

1	1	1	1

農林水産省使用欄			
都道府県コード	管理コード	整理番号	枝番号

統計法に基づく国の統計調査です。調査票情報の秘密の保護に万全を期します。

政府統計

農業委員会名

新規就農者調査
新規参入者調査票

この調査は、貴農業委員会の管轄区域内で新規に農業経営を開始された方の状況についてお伺いし、農業への新規参入者を把握するものです。

（調査票にご記入いただいた内容は、統計法の規定により適正に管理され、秘密の保護には万全を期していますので、ありのままをご回答ください。）

○ 調査票の記入及び提出は、オンラインでも可能です。

オンラインによる回答方法は、「オンライン調査システム操作ガイド」をご参照ください。

○ 黒色の鉛筆またはシャープペンシルで記入し、間違えた場合は、消しゴムできれいに消してください。

★ 数字は、１マスに１つずつ、枠からはみ出さないように記入してください。

記入例	0	1	2	3	4	5	6	7	8	9

すきまをあける　つなげる

★ 該当する場合は、下の記入例のようになぞってください。

記入例	⋰	／

＜記入上の注意＞

1 「新規参入者」とは、農業従事経験の有無を問わず、土地や資金等を独自に調達し、調査期日前１年間に新規で農業経営を開始した経営の責任者（１名）及び共同経営者をいいます。夫婦がそろって就農、あるいは複数の新規就農者が法人を新設して共同経営を行っている場合は、経営の責任者（１名）に加え、その配偶者又はその他の共同経営者については「共同経営者」として記入してください。

ただし、農家出身でＵターンや退職等を機に、相続・分家等により親の農地を譲り受けて農業経営を開始した方は含みません。

2 「農業経営を開始」とは、次の定義のいずれかに該当する事業を開始した者をいいます。

(1) 経営耕地面積が30アール以上の規模の農業を営む者

(2) 農作物の作付面積又は栽培面積、家畜の飼養頭羽数又は出荷羽数その他の事業の規模が、次表の農業経営体の物的指標以上の規模の農業を営む者

(3) 農作業の受託の事業を営む者

表　農業経営体の物的指標

露地野菜作付面積	15a
施設野菜栽培面積	350㎡
果樹栽培面積	10a
露地花き栽培面積	10a
施設花き栽培面積	250㎡
搾乳牛飼養頭数	１頭
肥育牛飼養頭数	１頭
豚飼養頭数	15頭
採卵鶏飼養羽数	150羽
ブロイラー年間出荷羽数	1,000羽
その他	調査期日前１年間における農業生産物の総販売額50万円に相当する事業の規模

入力方向

回答は裏面にお願いします。

問１　この１年間（令和２年２月～令和３年１月）に貴農業委員会の管轄区域内において、農業への新規参入者はいますか。該当するもの１つに必ず点線をなぞって選択してください。

い　る	⁄

→ 次の問2へお進みください。

いない	⁄

→ 「いない」を選ばれた方は、調査終了です。ご協力ありがとうございました。

問２　問１で「いる」とお答えいただいた新規参入者について記入してください。

責任者の別		性　別		満　年　齢（令和３年２月１日現在の年齢）								主な部門
経営の責任者	共同経営者	男	女	15～19歳	20～29	30～39	40～44	45～49	50～59	60～64	65歳以上	
どちらか１つ点線をなぞる		どちらか１つ点線をなぞる		いずれか１つ点線をなぞる								コードを記入

新規参入時の主な部門を以下の部門コードから一つ選択してご記入ください。

【部門コード】
01：水稲・陸稲
02：麦類
03：雑穀
04：いも類
05：豆類
06：工芸農作物
07：露地野菜
08：施設野菜
09：果樹類
10：露地花き
11：施設花き
12：花木
13：その他の作物
（販売を目的として栽培した水稲苗、野菜苗、果樹苗、造林用の苗木、芝、飼料用作物、青刈り作物、きのこ栽培など）
14：酪農
15：繁殖牛
16：肥育牛
17：養豚
18：ブロイラー
19：採卵鶏
20：養蚕
21：その他の畜産

※　記入いただく方が21人以上の場合は、「ご協力のお願い」に記載した《連絡先》までお知らせください。

＜記入例＞

／		／					／					0 8
	／		／			／						0 9

1人目：責任者の別（「経営の責任者」）、性別（「男」）、満年齢（「40～44歳」）、主な部門（「施設野菜」）
2人目：責任者の別（「共同経営者」）、性別（「女」）、満年齢（「30～39歳」）、主な部門（「果樹類」）

調査は問2で終了です。ご協力ありがとうございました。同封の返信用封筒に折り入れてご返送ください。

秘
農林水産省

1	1	0	2

新規就農者調査
新規雇用者調査票

政府統計
統計法に基づく国の統計調査です。調査票情報の秘密の保護に万全を期します。

農林水産省使用欄											
都道府県コード		管理コード		整理番号							枝番号

入力方向

この調査は、農業を営まれる法人等の新規雇用状況についてお伺いし、法人等に雇用された**新規就農者**を把握するものです。

〔調査票にご記入いただいた内容は、統計法の規定により適正に管理され、秘密の保護には万全を期していますので、ありのままをご回答ください。〕

調査票の記入及び提出は、オンラインでも可能です。
オンラインによる回答方法は、「オンライン調査システム操作ガイド」をご参照ください。

問１　この１年間（平成31年２月～令和２年１月）に新たに雇用（あらかじめ年間７か月以上の契約）した方はいますか。
「１」、「２」又は「３」のいずれかの番号を選択し○をしてください。

【新たに雇用した方がいる場合】 日雇・季節雇や外国人研修生・外国人技能実習生は含みません。	①	⇨ 問２へお進みください。
【農業経営を行っているが、新たに雇用した方がいない場合】	②	⇨ 「２」を選ばれた方は、調査は終了です。 同封の返信用封筒に折り入れてご返送ください。
【農業経営を行っていない場合】	③	⇨ 「３」を選ばれた方は、調査は終了です。 同封の返信用封筒に折り入れてご返送ください。

記入見本	①

記入見本	0	1	2	3	4	5	6	7	8	9

記入の際は**黒色の濃い鉛筆**を使用してください。

問２　この１年間（平成31年２月～令和２年１月）に新たに雇用した方について、それぞれ該当する番号に○をしてください。
（日雇・季節雇や外国人研修生・外国人技能実習生は含みません。）

満15歳以上の人	性別		満年齢（令和２年２月１日現在の年齢）								出身		就業上の地位		仕事の内容		雇用される直前の主な就業状態						
																	農業						
	男	女	15～19歳	20～29	30～39	40～44	45～49	50～59	60～64	65歳以上	農家	非農家	役員・構成員	その他	農作業	農作業以外	自営農業	農業法人等に勤務	農業以外の自営業	農業以外に勤務	家事・育児	学生	その他
	どちらか１つに○印		いずれか１つに○印								どちらか１つに○印		どちらか１つに○印		当てはまるものすべてに○印		いずれか１つに○印						
01人目	①	②	①	②	③	④	⑤	⑥	⑦	⑧	①	②	①	②	①	②	①	②	③	④	⑤	⑥	⑦
02人目	①	②	①	②	③	④	⑤	⑥	⑦	⑧	①	②	①	②	①	②	①	②	③	④	⑤	⑥	⑦
03人目	①	②	①	②	③	④	⑤	⑥	⑦	⑧	①	②	①	②	①	②	①	②	③	④	⑤	⑥	⑦
04人目	①	②	①	②	③	④	⑤	⑥	⑦	⑧	①	②	①	②	①	②	①	②	③	④	⑤	⑥	⑦
05人目	①	②	①	②	③	④	⑤	⑥	⑦	⑧	①	②	①	②	①	②	①	②	③	④	⑤	⑥	⑦
06人目	①	②	①	②	③	④	⑤	⑥	⑦	⑧	①	②	①	②	①	②	①	②	③	④	⑤	⑥	⑦
07人目	①	②	①	②	③	④	⑤	⑥	⑦	⑧	①	②	①	②	①	②	①	②	③	④	⑤	⑥	⑦
08人目	①	②	①	②	③	④	⑤	⑥	⑦	⑧	①	②	①	②	①	②	①	②	③	④	⑤	⑥	⑦
09人目	①	②	①	②	③	④	⑤	⑥	⑦	⑧	①	②	①	②	①	②	①	②	③	④	⑤	⑥	⑦
10人目	①	②	①	②	③	④	⑤	⑥	⑦	⑧	①	②	①	②	①	②	①	②	③	④	⑤	⑥	⑦
合計（人）																							

※　記入いただく方が11人以上の場合は、「ご協力のお願い」に記載した《連絡先》までお知らせください。

＜記入例＞

01人目	①	**②**	①	**②**	③	④	⑤	⑥	⑦	⑧	①	**②**	①	**②**	**①**	**②**	①	②	③	④	⑤	**⑥**	⑦
02人目	**①**	②	①	②	③	④	⑤	⑥	**⑦**	⑧	**①**	②	**①**	②	**①**	②	①	②	③	**④**	⑤	⑥	⑦

１人目：女性（「２」）、23歳（「２」）、非農家出身（「２」）、農作業及び経理事務等に従事（「１」及び「２」）、雇用前は学生「６」）、
２人目：男性（「１」）、60歳（「７」）、農家出身（「１」）、経営責任者（役員）（「１」）、農作業に従事（「１」）、雇用前は農業以外に勤務「４」）

調査は問2で終了です。ご協力ありがとうございました。
同封の返信用封筒に折り入れてご返送ください。

※　本調査票はUDフォント（UD=Universal Design）を使用しています。

秘
農林水産省

1	1	1	1

農林水産省使用欄			
都道府県コード	管理コード	整理番号	枝番号

政府統計

統計法に基づく国の統計調査です。調査票情報の秘密の保護に万全を期します。

農業委員会名

新規就農者調査

新規参入者調査票

この調査は、貴農業委員会の管轄区域内で新規に農業経営を開始された方の状況についてお伺いし、農業への新規参入者を把握するものです。

（　調査票にご記入いただいた内容は、統計法の規定により適正に管理され、秘密の保護には万全を期していますので、ありのままをご回答ください。　）

○　調査票の記入及び提出は、オンラインでも可能です。

オンラインによる回答方法は、「オンライン調査システム操作ガイド」をご参照ください。

○　黒色の鉛筆またはシャープペンシルで記入し、間違えた場合は、消しゴムできれいに消してください。

★　数字は、１マスに１つずつ、枠からはみ出さないように記入してください。

記入例	0	1	2	3	4	5	6	7	8	9

すきまをあける　　つなげる

★　該当する場合は、下の記入例のようになぞってください。

記入例	⋰	／

＜記入上の注意＞

1　「新規参入者」とは、農業従事経験の有無を問わず、土地や資金等を独自に調達し、調査期日前１年間に新規で農業経営を開始した経営の責任者（１名）及び共同経営者をいいます。夫婦がそろって就農、あるいは複数の新規就農者が法人を新設して共同経営を行っている場合は、経営の責任者（１名）に加え、その配偶者又はその他の共同経営者については「共同経営者」として記入してください。

ただし、農家出身でUターンや退職等を機に、相続・分家等により親の農地を譲り受けて農業経営を開始した方は含みません。

2　「農業経営を開始」とは、次の定義のいずれかに該当する事業を開始した者をいいます。

(1)　**経営耕地面積が30アール以上の規模の農業を営む者**

(2)　**農作物の作付面積又は栽培面積、家畜の飼養頭羽数又は出荷羽数その他の事業の規模が、次表の農業経営体の物的指標以上の規模の農業を営む者**

(3)　**農作業の受託の事業を営む者**

表　農業経営体の物的指標

露地野菜作付面積	15a
施設野菜栽培面積	350㎡
果樹栽培面積	10a
露地花き栽培面積	10a
施設花き栽培面積	250㎡
搾乳牛飼養頭数	１頭
肥育牛飼養頭数	１頭
豚飼養頭数	15頭
採卵鶏飼養羽数	150羽
ブロイラー年間出荷羽数	1,000羽
その他	調査期日前１年間における農業生産物の総販売額50万円に相当する事業の規模

入力方向

回答は裏面にお願いします。

問１　この１年間（平成31年２月～令和２年１月）に貴農業委員会の管轄区域内において、農業への新規参入者はいますか。該当するもの１つに必ず点線をなぞって選択してください。

いる	⋰

↓ 次の問2へお進みください。

いない	⋰

↓ 「いない」を選ばれた方は、調査終了です。ご協力ありがとうございました。

問２　問１で「いる」とお答えいただいた新規参入者について記入してください。

責任者の別		性別		満年齢（令和２年２月１日現在の年齢）								主な部門
経営の責任者	共同経営者	男	女	15〜19歳	20〜29	30〜39	40〜44	45〜49	50〜59	60〜64	65歳以上	
どちらか１つ点線をなぞる		どちらか１つ点線をなぞる		いずれか１つ点線をなぞる								コードを記入

新規参入時の主な部門を以下の部門コードから一つ選択してご記入ください。

【部門コード】
01:水稲・陸稲
02:麦類
03:雑穀
04:いも類
05:豆類
06:工芸農作物
07:露地野菜
08:施設野菜
09:果樹類
10:露地花き
11:施設花き
12:花木
13:その他の作物
（販売を目的として栽培した水稲苗、野菜苗、果樹苗、造林用の苗木、芝、飼料用作物、青刈り作物、きのこ栽培など）
14:酪農
15:繁殖牛
16:肥育牛
17:養豚
18:ブロイラー
19:採卵鶏
20:養蚕
21:その他の畜産

※　記入いただく方が21人以上の場合は、「ご協力のお願い」に記載した《連絡先》までお知らせください。

＜記入例＞

／		／					／					0 8
	／		／			／						0 9

1人目：責任者の別（「経営の責任者」）、性別（「男」）、満年齢（「40～44歳」）、主な部門（「施設野菜」）
2人目：責任者の別（「共同経営者」）、性別（「女」）、満年齢（「30～39歳」）、主な部門（「果樹類」）

調査は問2で終了です。ご協力ありがとうございました。同封の返信用封筒に折り入れてご返送ください。

令和３年　農業構造動態調査報告書
（併載：新規就農者調査結果（令和２年、令和元年））

令和５年３月　発行　　　　定価は表紙に表示しています。

編集　〒100-8950　東京都千代田区霞が関１－２－１
農林水産省大臣官房統計部

発行　〒141-0031　東京都品川区西五反田7-22-17　TOCビル11階34号
一般財団法人　農林統計協会
振替　00190-5-70255　TEL 03(3492)2987

ISBN978-4-541-04436-5 C3061